Janina Voskuhl / Herbert Zucchi

WILDBIENEN IN DER STADT

entdecken, beobachten, schützen

Janina Voskuhl / Herbert Zucchi

WILDBIENEN IN DER STADT

entdecken, beobachten, schützen

Haupt Verlag

Janina Voskuhl studierte an der Hochschule Osnabrück Landschaftsentwicklung (B. Eng.) und an der Carl von Ossietzky-Universität Oldenburg Landschaftsökologie (M. Sc.). Seither widmet sie sich mit besonderem Interesse den Wildbienen, der heimischen Vogelwelt sowie der Flora und Fauna der niedersächsischen Nordseeküste. Bis 2018 arbeitete sie in Bienenprojekten der Hochschule Osnabrück. Als Freiberuflerin begeistert sie auch weiterhin mit Vorträgen und Exkursionen Jung und Alt für Wildbienen, Wattenmeer und vieles mehr.

Herbert Zucchi, geboren und aufgewachsen im nordhessischen Bergland, ist schon als Kind in den «Zaubertrank Natur» gefallen. Als emeritierter Professor für Zoologie/Tierökologie lehrt und forscht er nach wie vor an der Hochschule Osnabrück. Er hat an der Philipps-Universität in Marburg an der Lahn Biologie studiert und dort auch promoviert sowie an der Carl von Ossietzky-Universität in Oldenburg habilitiert. Seit seiner Jugend ist er im Naturschutz aktiv. Herbert Zucchi ist Autor zahlreicher Publikationen, darunter etliche Bücher.

Der Haupt Verlag wird vom Bundesamt für Kultur mit einem Strukturbeitrag für die Jahre 2016–2020 unterstützt.

1. Auflage: 2020

Diese Publikation ist in der Deutschen Nationalbibliografie verzeichnet.
Mehr Informationen dazu finden Sie unter http://dnb.dnb.de.

ISBN 978-3-258-08195-3

Gestaltung: pooldesign, Zürich
Printed in Germany

Wünschen Sie regelmäßig Informationen über unsere neuen Titel im Bereich Garten und Natur? Möchten Sie uns zu einem Buch ein Feedback geben? Haben Sie Anregungen für unser Programm? Dann besuchen Sie uns im Internet auf **www.haupt.ch**. Dort finden Sie aktuelle Informationen zu unseren Neuerscheinungen und können unseren Newsletter abonnieren.

Dunkle Erdhummel *(Bombus terrestris)* beim «Aufstemmen» einer Blüte des Gemeinen Leinkrauts *(Linaria vulgaris)*

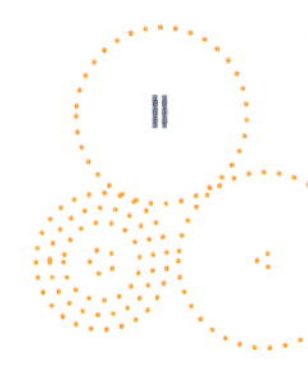

VORWORT

Fast sieben Jahre ist es her, dass der Rat der Stadt Osnabrück die Naturschutzverwaltung beauftragt hatte, in Kooperation mit verschiedenen Institutionen geeignete Maßnahmen zu entwickeln, um Osnabrück bienenfreundlicher zu gestalten. Bald darauf, nämlich noch im selben Jahr (2013), wurde das Osnabrücker BienenBündnis gegründet. Seitdem hat sich in der nordwestdeutschen Großstadt viel getan. Waren die Fördermaßnahmen anfangs nur für die Honigbiene gedacht, so rückte bald das ganze Spektrum der Wildbienen in den Fokus. Da effektiver Wildbienenschutz den Schutz einer breiten Palette der Biologischen Vielfalt einschließt, profitieren auch andere Tiergruppen und die Pflanzenwelt davon. Dass dies dringender denn je nötig ist, hat der Weltbiodiversitätsrat (IPBES) im Abschlussbericht der Pariser Sitzung vom Mai 2019 noch einmal deutlich dokumentiert.

Zum Osnabrücker BienenBündnis gehörten von Anfang an auch wir als Vertreter der Hochschule Osnabrück (Arbeitsgruppe Zoologie/Ökologie/Umweltbildung). Als wichtige zu leistende Aufgabe betrachteten wir es einerseits, auf ausgewählten repräsentativen Flächen des Stadtgebietes vorkommende Wildbienenarten und ihre Lebensräume zu kartieren, damit auf einer fachlich fundierten Basis Schutz- und Entwicklungsmaßnahmen erarbeitet werden können. Andererseits wollten wir ein Konzept für eine wildbienenbezogene Öffentlichkeits- und Bildungsarbeit entwickeln und erproben, um die Bevölkerung der Stadt möglichst rasch mit ins Boot zu holen, sie also auf die Bedeutung und den Schwund der heimischen Bienenvielfalt aufmerksam zu machen und sie für den Schutz der Tiere und ihrer Lebensräume zu motivieren. Um diese Hauptaktivitäten, die seit 2014 laufen, rankte und rankt sich vielerlei anderes.

Die Resonanz auf die bisherigen Aktivitäten des Osnabrücker BienenBündnisses und speziell auf die von uns eingebrachte Arbeit war und ist höchst erfreulich: Zahlreiche Nachfragen von Kindergärten, Schulen, Vereinen, Kommunen etc. nach Unterrichtsprojekten, Exkursionen, Vorträgen und Beratungen bestärken uns darin, für die faszinierende Tiergruppe der Wildbienen am Ball zu bleiben und uns für den Schutz der Biologischen Vielfalt stark zu machen. Damit in möglichst vielen Städten ähnliche Wege gegangen und gleiche Ziele verfolgt werden, haben wir uns entschlossen, unser Wissen und unsere Erfahrungen mit diesem Buch weiterzugeben.

Wilhelmshaven / Osnabrück, im Januar 2020 *Janina Voskuhl / Herbert Zucchi*

Bockkäfer und Dickkopffalter tummeln sich zur Nahrungssuche auf einer Wiesen-Witwenblume *(Knautia arvensis).*

BEDROHTE VIELFALT

Ist von der Biologischen Vielfalt die Rede, sind nicht nur die Organismenarten gemeint, sondern auch ihre genetische Vielfalt und die Lebensraumtypen. Nach unserem derzeitigen Kenntnisstand sind in Deutschland etwa 48 000 mehrzellige Tierarten, ungefähr 14 000 Pilzarten und circa 9500 Pflanzenarten beheimatet. Dazu kommen 690 verschiedene Lebensraum- oder Biotoptypen. Für Österreich weist die Literatur etwa 44 390 mehrzellige Tier-, 10 000 Pilz- und 9 020 Pflanzenarten sowie 500 Biotoptypen aus. Für die Schweiz werden ungefähr 26 370 mehrzellige Tier-, fast 5000 Pilz- und knapp 4300 Pflanzenarten sowie 200 Biotoptypen angegeben. Ziemlich sicher gibt es in den genannten Ländern aber noch mehr Arten. Dieser Schluss lässt sich aus verschiedenen Untersuchungen ziehen, die in den letzten 30 Jahren stattfanden. Als man beispielsweise in den frühen 1990er-Jahren die Fauna der Großstadt Köln näher erforscht hat, fanden sich unter den 5500 dort festgestellten Tierarten 61 bis dahin in Deutschland nicht bekannte und sogar 14 weltweit unbekannte Arten. Letztere hatte noch niemand beschrieben und benannt. Mit hoher Wahrscheinlichkeit wird es bei uns noch zu weiteren Neuentdeckungen kommen.

Insekten – die größte Tiergruppe

Fast 70 % der in Deutschland nachgewiesenen Tierarten, nämlich 33 305 Arten, sind Insekten. In Österreich liegt ihr Anteil bei über 80 %, in der Schweiz bei etwa 60 %. Rechnet man dagegen alle in Deutschland vorkommenden Wirbeltierarten, also Neunaugen, Fische, Amphibien, Reptilien, Vögel und Säugetiere, zusammen, so sind es gerade mal 703, also knapp 1,5 % der Fauna. Ähnlich scheint die Tierwelt weltweit zusammengesetzt zu sein: Mindestens 70 % der Arten sind Insekten. Ein inzwischen

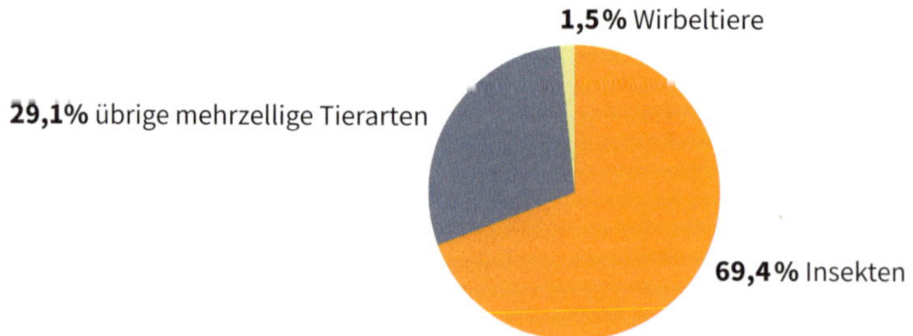

Anteil der Insekten und Wirbeltiere an den 48 000 in Deutschland heimischen mehrzelligen Tierarten

Die Sumpfschrecke *(Stethophyma grossum)*, eine Insektenart mit unvollständiger Verwandlung, ist an feuchte Lebensräume gebunden, vor allem an extensiv genutztes Grünland.

verstorbener Entomologe (= Insektenkundler), der Greifswalder Hochschullehrer Gerd Müller-Motzfeld, hat für die Jahre 1978 bis 1987 einmal die weltweit neu beschriebenen Insektenarten ermittelt: Es waren durchschnittlich 7222 Arten pro Jahr!

Wie viele Tierarten auf der Erde wirklich existieren und wie viele Insekten darunter sind, ist nicht bekannt. Nach Schätzungen verschiedener Wissenschaftler sind es aber viele Millionen. Wir treffen Insekten in allen Binnengewässern und Landlebensräumen unseres Planeten als wichtige Glieder der Lebensgemeinschaften an: Sie wirken am Abbau toter organischer Substanz mit, bestäuben das Gros der Kultur- und Wildpflanzen und sind an der Verbreitung von Pflanzen und Pilzen beteiligt. Sie wirken als Regulatoren in Ökosystemen, sind Nahrung für zahlreiche andere Tierarten und für fleischfressende Pflanzenarten und bereichern als vielgestaltige lebendige Geschöpfe die Erlebniswelt von uns Menschen. Natürlich gibt es auch Insektenarten, die als Krankheitsüberträger, Parasiten oder Nutzer von Lebensmitteln sowie diversen Gebrauchsmaterialien eine negative Rolle für uns spielen, doch davon handelt dieses Buch nicht.

Insekten – vielgestaltige Geschöpfe

Der Körper eines Insekts ist von einem mehr oder weniger festen Außenskelett aus Chitin umgeben. Schaut man näher hin, so erkennt man drei Abschnitte: den Kopf (= Caput) mit Mundwerkzeugen, Augen und Fühlern, die aus drei Segmenten bestehende Brust (= Thorax) mit drei Beinpaaren und bei den meisten Arten mit zwei Flügelpaaren sowie den gegliederten Hinterleib (=Abdomen). Zwischen den drei Abschnitten ist jeweils eine Einkerbung mehr oder weniger deutlich erkennbar, woraus sich der Name dieser Tiere ableitet: Das lateinische Verb *insecare* bedeutet einkerben oder einschneiden. Entsprechend wurden die Insekten im Deutschen früher als Kerbtiere bezeichnet. Die ältesten Fossilien dieser Tiergruppe stammen aus dem Devon, sind also rund 400 Millionen Jahre alt. Wahrscheinlich sind die Insekten aber bereits im Ordovizium, also vor 480 Millionen Jahren entstanden.

Die Gürtelpuppe des Baumweißlings *(Aporia crataegi)* ist gelblich gefärbt und zeigt eine schwarze Fleckenzeichnung.

Der Baumweißling *(Aporia crataegi)* – hier an einem Blütenstand des Beinwells *(Symphytum officinale)* ruhend – ist eine Insektenart mit vollständiger Verwandlung, hat also ein Puppenstadium. In manchen Teilen Mitteleuropas ist er gefährdet.

Das Formenspektrum der Insekten ist gewaltig: Es reicht von unscheinbaren, sehr kleinen, ungeflügelten Arten wie den in der Laubstreu lebenden Springschwänzen (Collembola) bis hin zu hochmobilen bunten Schmetterlingen (Lepidoptera), die als Wanderfalter mehrere Tausend Kilometer zurücklegen können. Es gibt Arten, deren Entwicklung sehr kontinuierlich verläuft, bei denen also jedes Larvenstadium dem erwachsenen Tier immer ähnlicher wird. Man bezeichnet diese Entwicklung, die zum Beispiel bei Heuschrecken und Wanzen vorliegt, als unvollständige Verwandlung oder Hemimetabolie. Es gibt aber auch Arten, bei denen auf das letzte Larvenstadium ein Puppenstadium folgt. Das aus der Puppe schlüpfende Tier sieht dann völlig anders aus als die Larve. Diesen als vollständige Verwandlung oder Holometabolie bezeichneten Weg findet man etwa bei Käfern und Schmetterlingen.

Die in Deutschland beheimateten Insekten werden – je nach wissenschaftlicher Sicht – in 27 bis 30 Ordnungen eingeteilt. Eine davon sind die mit zwei häutigen Flügelpaaren ausgestatteten Hautflügler (Hymenoptera), zu denen auch die Familie der Bienen (Apidae) zählt. Wie alle Hautflügler sind sie durch ein Puppenstadium gekennzeichnet, stellen also holometabole Insekten dar, das heißt Insekten mit vollständiger Verwandlung.

Insekten – gefährdete Geschöpfe

Seit einigen Jahrzehnten stellen wir leider fest, dass immer mehr Insektenarten in ihrem Bestand zurückgehen. So finden sich über 55 % der Laufkäferarten auf der Roten Liste der Tiere Deutschlands, bei den Tagfaltern sind es gar 65 % und bei den Ameisen 73 % (die Arten der Vorwarnliste jeweils mit eingerechnet), um nur drei Beispiele zu nennen. Aber nicht nur viele Arten werden immer seltener oder verschwinden ganz von der Bildfläche, auch die Gesamtindividuenmenge der Insekten – ihre Biomasse – schwindet zunehmend. Das haben vor allem Krefelder Insektenkundler bei Untersuchungen festgestellt, die innerhalb von 27 Jahren einen Schwund der Fluginsekten von über 75 % belegen können. Als Indikator dafür kann durchaus auch gelten, dass heute nach einer sommerlichen Autofahrt kaum noch Insekten an der Windschutzscheibe kleben, während in früheren Jahrzehnten die Frontscheibe schon nach kurzer Zeit voll davon war. Hatte man früher in Sommernächten das Licht in der Wohnung an und gleichzeitig ein Fenster geöffnet, kamen in kurzer Zeit zahlreiche Nachtfalter und andere Insekten hineingeflogen. Heute ist das eher eine Ausnahme. An diesem sich offensichtlich beschleunigenden Bestands-

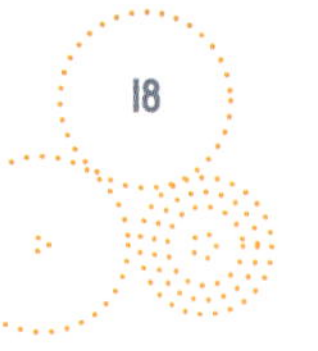

rückgang, der nach einer neueren Studie weltweit im Gang ist, ist ein ganzes Bündel negativer Einflüsse beteiligt, wobei aktuell nicht exakt belegt werden kann, welcher Faktor in welchem Maße verantwortlich ist. Dass Veränderungen des Klimas auch Auswirkungen auf die Zusammensetzung der Insektenfauna haben, ist nicht von der Hand zu weisen: Neue Arten aus südlichen Regionen etablieren sich bei uns, und manch alteingesessene Art wird voraussichtlich verloren gehen. Die nachfolgende Auflistung von Rückgangsfaktoren stellt keine abgestufte Rangfolge dar und ist sicher nicht vollständig. Im Einzelnen sind zu nennen:

- Vernichtung von Hecken, Feldgehölzen, Rainen, Böschungen und anderen Strukturen in der Kulturlandschaft
- Entwässerung von Feuchtgebieten
- wasserbauliche Eingriffe in Fließgewässer
- zu frühes und zu häufiges Mähen von Weg-, Straßen- und Gewässerrändern
- Nutzung von Mähgeräten mit Rotationsmähwerken, die alles kurz und klein schlagen und oft noch zusätzlich absaugen
- Umwandlung von Grünland (Wiesen und Weiden) in Ackerland
- Abnahme der Tierhaltung im Freien auf Weiden
- Dominanz von Mais in der Agrarlandschaft, deutschlandweit auf über 20 % der Ackerfläche
- stark eingeengter Fruchtwechsel
- Überdüngung der Landschaft
- Einsatz von Pestiziden, wobei besonders das Totalherbizid Glyphosat und Neonicotinoide als Insektizide zu nennen sind
- Fragmentierung der Landschaft durch Energie- und Verkehrstrassen
- fast 30 000 in den Landschaften Deutschlands verteilte Windkraftanlagen
- Verbrauch von fast 70 Hektar Land täglich für Straßen, Wohn-, Gewerbe-, Energie- und Industrieflächen allein in Deutschland
- hohe Anzahl nächtlicher Lichtquellen
- hoher Anteil naturfeindlich gestalteter Gärten (z. B. mit Schotter)

Zu einigen Faktoren sollen ein paar Details dargelegt werden. Mit dem Verlust von Hecken, Feldgehölzen, Rainen, fließgewässerbegleitenden Gehölzbändern und anderen Strukturen ist zugleich der Verlust von Pflanzen als Nektar- und Pollenspender sowie Larvennahrung verbunden. Außerdem gehen wichtige Ruhe- und Überwinterungsflächen verloren. Auch die Entwässerung von Feuchtgebieten, die Umwandlung von Wiesen und Weiden in Ackerland sowie die Überdüngung der Landschaft führen zur Pflanzenartenverarmung und ziehen damit automatisch auch einen Insektenrückgang nach sich. So haben 40 % der Farn- und Blütenpflanzen

Für Platterbsen-Mörtelbienen *(Megachile ericetorum)* wird aufgrund ihrer Spezialisierung auf Schmetterlingsblütler die Nahrung auf dem Land knapp.

Deutschlands, die bestandsgefährdet sind, ihr Hauptvorkommen im Grünland, viele davon im Feuchtgrünland. Ihr Schwund bedeutet den Verlust von Tracht- und Futterpflanzen für zahlreiche Insekten. Die Überdüngung der Landschaft, ein Resultat von Straßenverkehr, Verbrennungsanlagen und vor allem der Landwirtschaft, bringt noch andere negative Effekte mit sich: Insekten, die Wärme und Trockenheit benötigen, nehmen stark ab, denn wo viel Dünger ist, wachsen die Pflanzen schneller, dichter und oft auch höher, sodass es am Boden zu schattig und zu kühl für die Tiere ist. Wie neuere Untersuchungen belegt haben, führen hohe Stickstoffgaben, wie sie in der Landwirtschaft durchaus üblich sind, auch zu einem hohen Stickstoffgehalt in den Pflanzen, wodurch die Überlebensraten der an diesen Futterpflanzen fressenden Schmetterlingsraupen stark sinken. Stickstoff wird dann zum Erstickstoff. Auch dadurch, dass immer weniger Weidetiere den Sommer im Grünland verbringen, wird der Schwund von Insekten vorangetrieben. Pferde, Kühe, Schafe und Ziegen schaffen durch ihre Aktivität auf den Weiden Offenbodenstellen, indem sie durch Laufen, Wälzen oder Lagern die Vegetationsdecke öffnen und damit zum Beispiel für tagaktive Laufkäfer Flächen für die Jagd erzeugen. In und von ihrem Kot wiederum leben zahlreiche weitere Insekten. Schließlich vernichtet das Totalherbizid Glyphosat jährlich auf 40% der Ackerfläche Deutschlands die Wildpflanzen und damit die Nahrungsgrundlage für viele Insekten.

Die Landnutzung ist inzwischen so intensiv geworden, dass immer mehr Insekten und andere Arten in Bedrängnis geraten. So verwundert es nicht, dass auch 60% der heimischen Wildbienen auf der Roten Liste zu finden sind. Es gibt also viel zu tun, um dieser Entwicklung entgegenzutreten. Dazu gehören politische Aktivitäten zur Änderung der Rahmenbedingungen (besonders in der Landwirtschaft), aufklärende und motivierende Öffentlichkeits- und Bildungsarbeit sowie praktisches Handeln von der persönlichen bis zur globalen Ebene. Die Zeit drängt!

Verwendete Quellen

BfN (2011); BfN (2014); BfN (2016a); BfN (2016b); BfN (2017); Bose (2018); Breuer (2017); Dettner & Peters (1999); Forum Biodiversität Schweiz (2004); Hallmann et al. (2017); Hoffmann & Wipking (1992); Hoffmann et al. (1996); Kurze et al. (2018); Müller-Motzfeld (1997); Sánchez-Bayo & Wyckhuys (2019); Sauberer et al. (2008); Segerer & Rosenkranz (2018); Sorg et al. (2013); Vogel (2017)

Durch die Vermaisung der Landschaft und die Überdüngung von Feldrainen ist die Nahrungsgrundlage blütenbesuchender Insekten im ländlichen Raum stark dezimiert oder sogar vernichtet worden.

WIE ES EINST SUMMTE UND BRUMMTE

Immer wieder sind mir diese Bilder aus meiner Kindheit in Nordhessen vor Augen, wie ich in einer reich blühenden Maiwiese liege, über mir das blaue Himmelszelt mit einzelnen dahinsegelnden Schäfchenwolken, um mich herum ein Meer aus Halmen und Stängeln, das sich leicht im Frühlingswind wiegt und dessen feiner Duft mich einhüllt. Und in diesem grün-bunten Meer kribbelt und krabbelt, summt und brummt es vieltausendfach. Ein Heer von Käfern und Wanzen, Fliegen und Zikaden, Mücken und Bienen, Schlupfwespen und Schmetterlingen, Ameisen und Florfliegen war dort unterwegs, rot und gelb, schwarz und blau, ein- und mehrfarbig, gestreift und getupft, rundlich und länglich. Dazu das Vogelkonzert vom nahen Waldrand und aus der Schlehenhecke am Wiesenrand mit Goldammer und Mönchsgrasmücke, Fitis und Dorngrasmücke, Zilpzalp und Buchfink, Bluthänfling und Girlitz, Kuckuck und Turteltaube. Bilder, die tief in meiner Seele ruhen, eingefangen in Momenten höchster kindlicher Glückseligkeit. Grundfesten meines Lebens als Naturschützer und Biologe. 60 Jahre ist das her – eine kleine Ewigkeit, und dennoch ist es mir ganz nah.

Herbert Zucchi

Blühende Sommerwiese

An dieser Nisthilfe herrscht reger Flugbetrieb der Rostroten Mauerbiene *(Osmia bicornis)*.

WISSENSWERTES ÜBER BIENEN

«Bienen attackieren Schülergruppe» – so war ein Bericht in einigen norddeutschen Zeitungen im August 2017 überschrieben. Im Artikel war die Rede davon, dass 22 Kinder von einem Sand- bzw. Erdbienenschwarm gestochen wurden. Allerdings sind gerade Sandbienen äußerst friedfertig und greifen keine Menschen an, schon gar nicht in einem Schwarm. Ganz offensichtlich handelte es sich dabei um Wespen, denn von ihnen gibt es bodennistende Arten, denen man nicht zu nahe kommen darf. Auch uns erreichen sommertags immer wieder Hilferufe aus Kindergärten, Schulen oder von Privatleuten wegen «bedrohlicher Wildbienen», und immer steckten staatenbildende Wespen dahinter. Wissen über Wildbienen ist in der Gesellschaft so gut wie nicht vorhanden. Dies zu ändern, ist uns ein großes Anliegen.

Wildbienen – eine arten- und formenreiche Gruppe

Weltweit sind aktuell 20 452 Bienenarten bekannt (Stand September 2019). Die Zahl steigt jedoch kontinuierlich, da immer wieder neue Arten von Entomologen entdeckt und beschrieben werden. Rund 750 Arten wurden bisher in Mitteleuropa nachgewiesen, in Deutschland sind es über 565, in der Schweiz 617 und in Österreich sogar 696 Arten. Die hochsoziale Westliche Honigbiene *(Apis mellifera)* ist nur eine davon. Als einzige in Europa heimische Bienenart ist sie in der Lage, Honig herzustellen, und wird daher auch seit Jahrtausenden von Menschen als Nutztier gehalten. Als Wildbienen werden alle anderen in Europa vorkommenden, nicht domestizierten und frei lebenden Bienenarten bezeichnet. Die Hummeln sind wohl die bekanntesten unter ihnen, auch wenn nur wenige Bürger die großen und auffällig gefärbten Brummer mit den Wildbienen in Verbindung bringen. Allein von ihnen gibt es im deutschsprachigen Raum über 40 verschiedene Arten. Dunkle und Helle Erdhummel *(Bombus terrestris, B. lucorum)*, Baumhummel *(B. hypnorum)*, Ackerhummel *(B. pascuorum)*, Steinhummel *(B. lapidarius)*, Gartenhummel *(B. hortorum)* und Wiesenhummel *(B. pratorum)* sind in vielen Regionen Mitteleuropas und auch in den Städten besonders häufig anzutreffen.

Ebenfalls mit mehreren Arten bei uns vertreten und zu beobachten sind Seidenbienen, Sandbienen, Mauerbienen, Blattschneiderbienen und viele mehr. Allesamt beeindrucken sie durch ihre Vielfalt. Denn unter ihnen befinden sich auffällige, bis zu 3 cm große, aber auch eher unscheinbare, nur wenige Millimeter kleine Bienen. Einige Arten sind dicht und lang behaart, andere nur spärlich und kurz. Ebenso gibt es grau bepelzte, metallisch grün schillernde, schwarz-gelb gestreifte oder blutrot gefärbte Bienenarten.

Das auf einer Ziestblüte nektarsaugende Weibchen der Garten-Wollbiene *(Anthidium manicatum)* sieht aufgrund seiner gelb-schwarzen Färbung und schütteren Behaarung auf den ersten Blick den Wespen ähnlich.

Schnell zu übersehen sind viele kleine Arten wie diese winzige, grün-metallisch glänzende Schmalbiene (*Lasioglossum* sp.) auf einer Flockenblume (*Centaurea* sp.).

Die Große Weiden-Sandbiene *(Andrena vaga)* wird aufgrund ihrer grauen Thoraxbehaarung gelegentlich als graue Maus unter den Bienen bezeichnet.

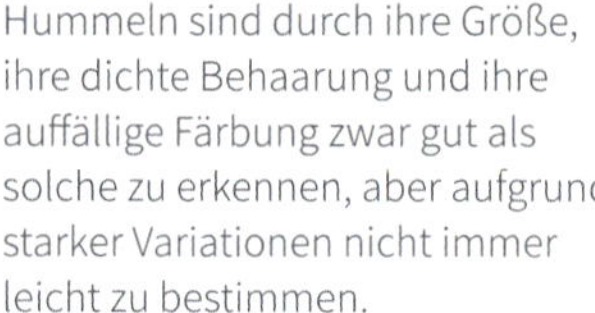

Hummeln sind durch ihre Größe, ihre dichte Behaarung und ihre auffällige Färbung zwar gut als solche zu erkennen, aber aufgrund starker Variationen nicht immer leicht zu bestimmen.

Die Mistbiene *(Eristalis tenax)* ähnelt einer Honigbiene, allerdings gehört sie zu den Schwebfliegen. Ihr fehlt eine Wespentaille, ihre Fühler sind kurz, sie besitzt nur ein Flügelpaar und tupfende Mundwerkzeuge.

Der Große Wollschweber *(Bombylius major)* wird auch Hummelschweber genannt, ist aber keine Biene. Ihm fehlen Wespentaille, lange Fühler und das zweite Flügelpaar. Auffälligstes Merkmal ist der lange, stets gestreckte Saugrüssel.

Manche Schwebfliegen sehen durch ihre Färbung und Behaarung den unterschiedlichen Hummelarten zum Verwechseln ähnlich. Dieses Tier erinnert stark an eine Baumhummel.

Aufgrund der enormen Vielfalt ist es selbst für aufmerksame Naturbeobachter nicht immer einfach, eine Biene als solche zu erkennen. So sind es vor allem Maskenbienen, Blutbienen und Wespenbienen, die aufgrund ihrer Körperfärbung und fehlenden Behaarung auf den ersten Blick eher den Grab- oder Wegwespen ähneln. Umgekehrt sehen einige Schwebfliegen, Wollschweber, Kleinschmetterlinge und etliche andere Insekten den Bienen durch eine entsprechende Körperfärbung oder dichte Behaarung zum Verwechseln ähnlich.

Gemeinsame Merkmale trotz bunter Vielfalt

Kinder und Erwachsene können durch intensives Beobachten der Tiere in ihren Lebensräumen lernen, Bienen von anderen Insekten zu unterscheiden. Vor allem auf den Blüten vieler Pflanzen in Gärten und Grünanlagen lohnt es sich, Ausschau zu halten. Denn beim Blütenbesuch sind viele Insekten oft so sehr mit der Aufnahme von Nektar oder Pollen beschäftigt, dass sie ungestört aus nächster Nähe beobachtet werden können. Wer genauer hinsieht, dem fallen bei Hummeln, Sandbienen, Seidenbienen und Co. typische Bienenmerkmale relativ schnell ins Auge. Nachfolgende Merkmale lassen den Beobachtenden erkennen, ob es sich beim entdeckten Insekt um eine Biene handelt:

Am Kopf der Tiere sind die beiden großen Komplexaugen meist gut zu erkennen. Sie bestehen aus Tausenden Einzelaugen, mit denen die Bienen Bilder und Farben sehen. Deutlich schwerer und meist nur mit einer Lupe zu erkennen sind die drei Punktaugen auf der Stirn. Diese winzigen, sehr lichtempfindlichen Sinnesorgane dienen vermutlich zur Flugstabilisierung und Orientierung. Tasten, Riechen und Schmecken können Bienen mit ihren beiden relativ langen Fühlern. Mit dem einziehbaren

Charakteristischer Körperbau der Bienen am Beispiel der Platterbsen-Mörtelbiene *(Megachile ericetorum)*

Rüssel nehmen sie den flüssigen und zuckersüßen Nektar auf, der oft tief in den Blüten der Pflanzen verborgen liegt. Die zangenförmigen Oberkiefer (= Mandibeln) werden hingegen zum Nestbau und zum Bearbeiten von Nistmaterial eingesetzt.

Bei vielen Bienenarten ist die Brust (= Thorax) dicht behaart. Dort befinden sich die drei Beinpaare mit Geschmackssinneszellen und Sinnesorganen zum Wahrnehmen von Luftschallwellen. Zudem besitzen zahlreiche Bienenweibchen an den Hinterbeinen eine auffällig dichte Behaarung, die sogenannte Pollenbürste (= Scopa). Sie dient ihnen zum Sammeln und Transportieren von Blütenstaub (= Pollen). Ebenfalls an der Brust befinden sich je zwei Vorder- und Hinterflügel. In Ruhestellung sind die kleineren Hinterflügel unter die größeren Vorderflügel gelegt und somit nicht immer gut zu erkennen. Beim Fliegen werden die Flügelpaare durch eine winzige Häkchenreihe an der Vorderkante der Hinterflügel zusammengehalten.

Der Hinterleib (= Abdomen) der Bienen ist über eine schmale Taille, die sogenannte Wespentaille, mit der Brust verbunden. Selbst die dicksten Brummer, die Hummeln, besitzen eine Wespentaille, auch wenn diese Einschnürung aufgrund der dichten und langen Behaarung nicht immer gut zu erkennen ist. Der Bienenhinterleib besteht aus mehreren Segmenten, die von Rücken- und Bauchplatten (= Tergite und Sternite) bedeckt und elastisch miteinander verbunden sind. Diese können dicht oder kaum behaart sein oder schmale Haarbinden aufweisen. Manchmal sind beim genaueren Betrachten der Tiere pumpende Bewegungen des Hinterleibs zu erkennen. Herz, Verdauungs- und Geschlechtsorgane sowie seitlich liegende Luftlöcher (= Stigmen) befinden sich dort. Durch die pumpenden Atembewegungen befördert die Biene Sauerstoff über die Luftlöcher in und über ein feines Röhrensystem, das Tracheensystem, durch ihren Körper.

Winzige Details sind gefragt

Mit geschulten Augen können einige auffällige Bienenarten im Freiland erkannt werden. So sind die Weibchen der Fuchsroten Sandbiene *(Andrena fulva)* durch ihr dichtes fuchsrotes Haarkleid auf Brust und Hinterleib relativ einfach zu erkennen und zu bestimmen. Man findet sie im Frühjahr in Grünanlagen und Gärten der Stadt besonders häufig an Berberitzen *(Berberis vulgaris)* sowie an Stachel- und Johannisbeeren (*Ribes* spp.). Die Männchen der Fuchsroten Sandbiene sind weniger auffällig behaart und im Freiland kaum von anderen Sandbienenmännchen zu unterscheiden.

Selbst erfahrene Wildbienenkenner können einen Großteil der heimischen Arten nur durch eine 10- bis 25-fache Vergrößerung charakteristischer Merkmale der Tiere unter dem Binokular bestimmen. So ist eine sichere Unterscheidung vieler Arten unter anderem anhand mikroskopisch kleiner Unterschiede von Mandibelform,

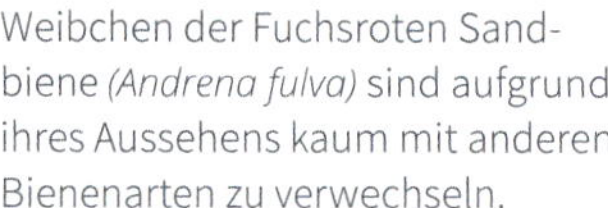

Weibchen der Fuchsroten Sandbiene *(Andrena fulva)* sind aufgrund ihres Aussehens kaum mit anderen Bienenarten zu verwechseln.

Männchen der Fuchsroten Sandbiene *(Andrena fulva)* besitzen keine auffällige Behaarung und sind unter anderem mit den Männchen der Rotschopfigen Sandbiene *(Andrena haemorrhoa)* zu verwechseln.

Flügeladern, Augenabstand, Kopf-, Brust- und Hinterleibspunktierungen möglich. Obwohl die Bestimmung zahlreicher Bienen im Freiland nicht immer gelingt, besitzen die meisten Gattungen markante Bestimmungsmerkmale, die mit etwas Übung gut auszumachen sind. Zu nennen sind beispielsweise die auffällige creme-weiße Gesichtsmaske bei den Maskenbienenmännchen, die ausgeprägte Behaarung an den Hinterbeinen der Hosenbienenweibchen oder die feine Haarfurche am Hinterleib der Furchen- und Schmalbienenweibchen. Häufig gibt nicht nur das Aussehen, sondern auch das Verhalten der Tiere Aufschluss über die beobachtete Bienenart oder -gattung. Sogar Flugweise und Fluggeräusche können bei der Bestimmung der Tiere helfen. Schauen und hören Sie bei Ihrem nächsten Spaziergang entlang blütenreicher Wegränder oder über eine bunt blühende Stadtbrache einmal genauer hin!

Wie Wildbienen leben

So vielfältig die Wildbienen in ihrem Aussehen sind, so vielfältig und faszinierend sind auch ihre Lebensweisen und Lebensraumansprüche. Das ausgeprägte Sozialverhalten und die bis zu 50 000 Individuen starken Völker der Honigbiene sind vielen Menschen wohl am ehesten vertraut. Doch ist die bekannteste Biene zugleich die einzige europäische Art, die durch eine hoch-eusoziale Lebensweise gekennzeichnet ist. Nur einige der bei uns heimischen Wildbienen leben in kleineren primitiv-eusozialen Staaten, in kommunalen Gruppen oder parasitär. Eine deutliche Mehrheit lebt jedoch solitär, also einzeln. Im Folgenden werden wir einen ersten Überblick über die Lebensweisen unserer Bienen geben. Mehr über Lebenszyklen, Sozialverhalten, Flugzeiten und Ansprüche ausgewählter Arten, die in Städten anzutreffen sind, lesen Sie im Kapitel «Wildbienen im Jahreslauf entdecken».

Eine Honigbienenarbeiterin im Außendienst sammelt Pollen und Nektar am Weiß-Klee *(Trifolium repens)*.

Hoch-eusozial und gut organisiert: die Honigbiene

Die Westliche Honigbiene *(Apis mellifera)* bildet hoch organisierte Dauerstaaten mit einer Königin, 500 bis 2000 männlichen Bienen (= Drohnen) und mehreren Zehntausend Arbeiterinnen. Unter den Tausenden Tieren sind die Aufgaben klar verteilt. Die bis zu fünf Jahre alt werdende Königin ist ihr ganzes Leben lang ausschließlich für die Eiablage zuständig. Gefüttert und gepflegt wird sie von ihren sterilen Töchtern, den Arbeiterinnen. Männliche Tiere werden ab April aus unbefruchteten Eiern gezogen. Sie sichern die Begattung neuer Königinnen und werden ebenfalls versorgt, aber zum Ende der Fortpflanzungszeit im Hochsommer aus dem Bienenstock vertrieben. Die Arbeiterinnen schlüpfen aus befruchteten Eizellen. Sie haben eine Lebenserwartung von vier Wochen bis zwölf Monaten und nehmen je nach Alter unterschiedliche Tätigkeiten wahr: Sie wirken als Ammen, Putzerinnen, Baubienen, Wächterinnen sowie Kundschafterinnen und verlassen erst in ihrer letzten Lebensphase als Sammlerinnen das Nest. Darüber hinaus verarbeiten sie den gesammelten Nektar oder Honigtau zu Honig, indem sie den wässrigen und zuckerhaltigen Säften Enzyme beimischen und Feuchtigkeit entziehen. Weltweit sind es zehn Honigbienenarten, die auf diese Weise Honig produzieren, und nur eine von ihnen, nämlich die Westliche Honigbiene, kommt in Europa vor. Den haltbar gemachten Honig lagern die Tiere in sechseckigen Zellen aus Wachs ein und ernähren sich von dem süßen Vorrat in Phasen mit ungünstiger Witterung sowie in den blütenarmen Wintermonaten. Auch wenn in der kalten Jahreszeit keine einzige Biene am Einflugloch eines Bienenkastens (= Beute) zu beobachten ist, so tut sich im Inneren doch einiges. Hier überleben bis zu 20 000 Arbeiterinnen mit ihrer Königin, indem sie sich zu einer dichten Wintertraube zusammenziehen, durch Muskelzittern eine Temperatur von mindestens 25 °C aufrechterhalten und den angelegten Honigvorrat als Winternahrung nutzen. Erst im zeitigen Frühjahr fliegen die Arbeiterinnen wieder aus, um Nektar und Pollen zu sammeln und das lebenswichtige Futterreservoir aufzufüllen.

Tausende Arbeiterinnen kümmern sich um die Produktion von Wachs und Honig, die Säuberung von Zellen und die Versorgung von Königin, Drohnen und Brut.

In den senkrecht aufgehängten Rähmchen bauen die Honigbienen ihre Waben. Hier werden Honig und Pollen eingelagert und die Brut großgezogen.

DEN HOFSTAAT ERLEBEN: ZU BESUCH BEIM IMKER

Es lohnt sich in jedem Fall, einmal einem Imker bei der Arbeit mit seinen Honigbienen über die Schulter zu gucken. Im weißen Schutzanzug vom Rauch aus der Imkerpfeife umhüllt, erhält man einen ganz besonderen Einblick in den Honigbienenstaat. Beim Öffnen der Beuten und der unmittelbaren Begegnung mit den Abertausenden Tieren werden die verschiedensten Sinne aktiviert:

- der Geruchssinn durch den süßlichen Duft von Honig und Wachs,
- der Gehörsinn durch das Summen der Zehntausenden Bienen,
- der Sehsinn beim Erblicken der umherkrabbelnden Arbeiterinnen auf einer Wabe,
- der Temperatursinn durch die Wärme, die aus dem Stockinneren strahlt, und natürlich
- der Geschmackssinn, wenn man den zuckersüßen Honig unmittelbar aus der Wabe probieren darf.

Ehemals legten in Mitteleuropa wilde Honigbienen ihre Staaten in größeren Baum- und Felshöhlen an. Heute bieten Imker den Tieren in Beuten aus Holz oder Styropor eine Ersatzhöhle.

Ab Frühsommer hat die Entwicklung des Bienenstaates ihren Höhepunkt erreicht, die Waben sind mit Honig gefüllt, und es werden neben Drohnen auch neue Königinnen herangezogen. Schaut man das Bienenvolk genau an, so kann man neben den sechseckigen Brutzellen einzelne bis zu 2 cm große, fingerhutförmige, herabhängende Zellen aus Wachs entdecken. In diesen sogenannten Weiselzellen werden aus befruchteten Eizellen Jungköniginnen herangezogen. Greift der Imker nicht ein, schwärmt die alte Königin in wenigen Tagen mit Tausenden Arbeiterinnen aus und begibt sich auf die Suche nach einer neuen Behausung. Dabei lässt sich der Schwarm zunächst in der Nähe des Nestes nieder, bis Spurbienen in einem Baum, Felsen oder Gebäude eine passende Höhle gefunden haben. In der Regel wird ein Ausschwärmen der Honigbienen bereits im Voraus vom Imker verhindert, indem die Bienenbeute erweitert, ein künstlicher Ableger gebildet oder Weiselzellen entfernt werden. Sollten Sie in der Stadt dennoch einmal in einem Baum oder an einem Gebäude eine dichte Traube von Tausenden Honigbienen entdecken, geben Sie dem örtlichen Imkerverein Bescheid. Da die Wildform der Westlichen Honigbiene in ihrem natürlichen mitteleuropäischen Verbreitungszentrum kaum noch vorkommt, handelt es sich meist um den entflogenen Schwarm eines Imkers aus der direkten Umgebung. Solche Schwärme sind sehr friedfertig und können vom Besitzer relativ einfach wieder eingefangen werden.

Primitiv-eusoziale Bienen: dicke Brummer mit kleinen Völkern

Der Westlichen Honigbiene in ihrem Sozialverhalten am nächsten stehen die sogenannten primitiv-eusozialen Hummeln. Ihre Völker sind deutlich kleiner, weniger komplex organisiert und bestehen nur einige Monate. Wenn ab Februar oder März mit Schneeglöckchen, Blaustern, Krokus, Kornelkirsche und anderen Frühblühern die ersten Frühjahrsboten die Städte zum Blühen bringen, fallen immer wieder besonders dicke Hummeln auf, die etwas schwerfällig von Blüte zu Blüte fliegen. Es sind die im letzten Sommer oder Herbst geschlüpften Königinnen unterschiedlichster Hummelarten, die Jahr für Jahr im zeitigen Frühling zu beobachten sind. Die großen Brummer sammeln zu diesem Zeitpunkt noch ohne Mithilfe weiblicher Nachkommen Pollen und Nektar und begeben sich auf die Suche nach einem Nest, in dem sie erste Arbeiterinnen großziehen können. Sobald ihre sterilen und fast immer deutlich kleineren Töchter voll entwickelt sind, übernehmen diese sämtliche Aufgaben im Staat. Von nun an bleibt die Königin im Nest und legt weiterhin Eier, um mehr Nachkommen zu produzieren. Das Hummelvolk wächst peu à peu heran. Doch selbst unter optimalen Bedingungen wird es bei Weitem nicht so viele Tiere beherbergen wie ein gesunder Honigbienenstaat. Die Dunkle Erdhummel *(Bombus terrestris)* kann mit 600 Tieren die größten Staaten aufbauen, und so ist der Flugverkehr am Eingang ihrer Nester im Sommer deutlich geringer als der vor einer Honigbienenbeute. Nach der Produktion und dem Ausfliegen von Drohnen und Jungköniginnen zwischen Juli und Oktober stirbt der komplette Hummelstaat mitsamt der alten Königin. Allein die begatteten Jungköniginnen begeben sich auf die Suche nach einem geeigneten Winterversteck und gründen im Folgejahr neue Staaten, wenn sie denn überlebt haben.

Neben den dicken und auffälligen Hummeln weisen auch viele unscheinbare Arten aus den nah miteinander verwandten Gattungen der Schmal- und Furchenbienen eine primitiv-eusoziale Lebensweise auf.

Solitärbienen: wild und einsam

Die meisten der mitteleuropäischen Wildbienen bilden keine Staaten, sondern leben solitär. Die Weibchen dieser sogenannten Solitär- oder Einsiedlerbienen kümmern sich ohne Mithilfe von weiblichen oder männlichen Artgenossen um die Versorgung der eigenen Brut. Alleine bauen sie winzige Brutzellen, kleiden diese mit Nistmaterial aus, schaffen Pollen und Nektar heran, verschließen die Zellen nach der Eiablage und machen sich gelegentlich noch die Mühe, ihr Nest mit Grashalmen, Kiefernnadeln etc. zu tarnen. Ein Solitärbienenweibchen lebt meist nur vier bis neun Wochen, in denen es maximal 10 bis 30 Brutzellen versorgt. Auch wenn die Larven bereits nach wenigen Tagen schlüpfen, kommt das Weibchen selten mit seinen Nachkommen in Kontakt. In der Regel wird die Brut sich selbst überlassen und ernährt sich ausschließlich vom angelegten Futtervorrat. Nach einigen Wochen

Eine Wiesenhummelkönigin *(Bombus pratorum)* stärkt sich im Frühjahr mit Nektar von diversen Frühblühern. Anschließend begibt sie sich auf die Suche nach einem passenden Nistplatz.

Königinnen der Dunklen Erdhummel *(Bombus terrestris)* sind bis zu 2,5 cm (links), Arbeiterinnen oft nur 1 cm (rechts) groß.

spinnen die Larven vieler Arten einen Seidenkokon, in dem sie meist als Ruhelarven überwintern. Erst im Folgejahr verpuppen sich die Tiere und entwickeln sich in der Puppe zu ausgewachsenen, geflügelten Bienen (= Imagines). Ihre Kinderstube verlassen viele Solitärbienen erst nach knapp zehn Monaten. Einen Großteil ihres Lebens verbringen sie also im Verborgenen. Während Honigbienen und Hummeln von Frühjahr bis Herbst in unseren Gärten und Parkanlagen unterwegs sind, können wir die jeweiligen Solitärbienenarten nur zu bestimmten Zeiten im Jahr beobachten: Gehörnte Mauerbienen *(Osmia cornuta)* im Frühjahr, Rainfarn-Maskenbienen *(Hylaeus nigritus)* im Hochsommer und Efeu-Seidenbienen *(Colletes hederae)* im Herbst. Aufgrund ihrer artspezifischen und jahreszeitlich begrenzten Flugzeiten werden daher grob Frühjahrs-, Frühsommer-, Sommer-, Hochsommer- und Herbstbienen voneinander unterschieden.

Kommunale Bienen: ein gemeinsames Zuhause

Nur von einigen wenigen Sandbienenarten ist eine kommunale Lebensweise bekannt. Die Weibchen einer Generation leben zwar zu mehreren in einem Nest, ähneln aber in ihrer Lebensweise stark den Solitärbienen. Sie nutzen alle denselben Nesteingang, doch baut und versorgt jedes Weibchen seine eigenen Brutzellen ohne die Mithilfe weiterer Nestbesiedlerinnen. So ist bei der Geselligen Sandbiene *(Andrena scotica)*, die regelmäßig auch in Gärten und Parkanlagen von Siedlungsgebieten vorkommt, der deutsche Name Programm: Die Weibchen dieser Art leben gelegentlich zu Hunderten in solchen Wohngemeinschaften.

Wenn der Kuckuck summt: parasitische Bienen

Knapp ein Viertel aller mitteleuropäischen Bienenarten zählt zu den Sozial- oder Brutparasiten, unter denen sich Kuckuckshummeln und sogenannte Kuckucksbienen wie Blut-, Trauer- oder Wespenbienen befinden. Die Bezeichnungen «Kuckucksbienen» oder «Kuckuckshummeln» machen bereits auf die schmarotzende Lebensweise aufmerksam: Ähnlich wie der Kuckuck in der Vogelwelt bauen die Bienenweibchen dieser Arten weder Nester noch sammeln sie Nahrung für die Versorgung ihrer Nachkommen. Stattdessen lassen sie ihre Brut von anderen solitären, kommunalen oder sozialen Arten versorgen oder großziehen. Parasitische Bienen sind meist an eine oder wenige nestbauende Wirtsbienen gebunden und können selbstverständlich nur dort beobachtet werden, wo Letztere auch geeignete Fortpflanzungsbedingungen vorfinden.

Gehörnte Mauerbienen *(Osmia cornuta)* sind besonders früh im Jahr aktiv und profitieren vom reichen Angebot an Frühblühern in der Stadt. Hier zu sehen ist ein Männchen beim Nektartrinken am Blaustern.

Sehr spät im Jahr aktiv sind die Efeu-Seidenbienen *(Colletes hederae)*. Wie der Name bereits andeutet, sind sie auf Efeupollen spezialisiert und fliegen erst mit dem Aufblühen der Efeublüten ab September.

Spezialisten im Wohnungsbau

Nestbauende Bienen legen ihre Brutzellen an einem für sie typischen Ort auf eine charakteristische Art und Weise an und sind bei der Wahl der Orte mehr oder weniger stark spezialisiert. Da die Mehrheit der heimischen Bienen wärmeliebend ist, bevorzugen sie vor allem trockene und sonnige Standorte. Etwa 75 % der nestbauenden Bienen graben ihre Gänge und Brutzellen eigenständig in den Erdboden. Dabei bevorzugen die einzelnen Arten vegetationslose oder schütter bewachsene, vertikale oder ebene Flächen, sandige oder lehmige, lockere oder leicht verdichtete Böden. Sind die Bedingungen gut, können sogar Hunderte Weibchen einer oder mehrerer Bienenarten ihre Nester dicht nebeneinander bauen. Meist zeugen dann kleine Sandhäufchen von der Anwesenheit der Tiere.

An solchen Stellen lohnt es sich, einige Zeit innezuhalten, bis sich die emsigen Bienenweibchen blicken lassen. Immer wieder verschwinden sie in ihren winzigen Erdlöchern und tauchen erst nach einer Weile wieder auf. Was die Tiere im Boden machen, lässt sich nur durch längeres Beobachten erschließen: Sie befördern das tiefer liegende Bodensubstrat an die Erdoberfläche und türmen es um das Schlupfloch zu kleinen Häufchen auf. Es sind unter anderem Hosen-, Furchen- und Sandbienen, die voll und ganz mit der Brutfürsorge unter unseren Füßen beschäftigt sind. Andere Solitärbienenarten finden über der Erde einen passenden Nistplatz: Sie nagen ihre Gänge und Brutzellen in morsches Holz oder markhaltige Pflanzenstängel, bauen ihre Nester frei stehend aus Harz oder Lehmmörtel oder nutzen kleinere Hohlräume wie Fels- und Mauerspalten, verlassene Pflanzengallen, Schneckenhäuser oder Käferfraßgänge.

Das Weibchen einer Gewöhnlichen Wespenbiene *(Nomada fucata)* vor dem Nesteingang der Gewöhnlichen Bindensandbiene *(Andrena flavipes)*

Wie die Bärtige Sandbiene *(Andrena barbilabris)* nisten alle Sandbienen unterirdisch und graben ihre Nester eigenständig in den Boden.

Schütter bewachsene, besonnte und leicht geneigte Bodenstellen, wie hier in einer städtischen Grünanlage, werden von Sand- und Schmalbienen besiedelt.

Wie winzige Maulwurfshaufen sehen die etwa 2 cm großen Sandaufschüttungen am Nesteingang der Weiden-Sandbiene *(Andrena vaga)* aus.

Zahlreiche oberirdisch und auch unterirdisch nistende Bienen nutzen zum Ausbau ihrer Brutzellen nicht nur körpereigene Sekrete, sondern auch Baumaterialien, die sie aus der Umgebung herbeischaffen. Verwundert ist wohl jeder Gartenbesitzer, wenn er zum ersten Mal eine Zweifarbige Schneckenhaus-Mauerbiene *(Osmia bicolor)* mit einem 10 cm langen Grashalm, eine Garten-Blattschneiderbiene *(Megachile willughbiella)* mit zusammengerollten Blattstückchen oder eine Garten-Wollbiene *(Anthidium manicatum)* mit flauschigen Kügelchen aus Pflanzenhaaren vorbeifliegen sieht. Diese und viele weitere Arten tapezieren oder verschließen ihre Brutzellen mit Pflanzenhaaren, Harz, abgeschnittenen Blüten- oder Laubblättern, Lehm- oder Pflanzenmörtel (zerkautes Pflanzenmaterial). Auf diese Weise schützen sie Futtervorrat und Brut vor äußeren Einflüssen wie Pilzbefall, Fressfeinden, Parasiten, Feuchtigkeit oder Trockenheit.

Neben passenden Kleinstrukturen zur Anlage von Nestern benötigen sämtliche Arten ein reiches und kontinuierliches Blütenangebot. Soziale, kommunale und solitäre Bienen sammeln Blütenprodukte wie den energiereichen Nektar und den eiweißreichen Pollen nicht nur für die eigene Ernährung, sondern auch und gerade für die Versorgung der Brut.

Leere Gallen der Schilfgallen-Fliege *(Lipara lucens)* – sogenannte Zigarrengallen – nutzt die Schilfgallen-Maskenbiene *(Hylaeus pectoralis)* als Nistplatz. Damit sich ihre Brut entwickeln kann, muss ein Schilfbestand an den Gewässerufern mindestens zwei Jahre unversehrt bleiben.

Ovale und kreisrunde Ausschnitte an Laub- oder auch Blütenblättern können von der Anwesenheit einer Blattschneiderbiene zeugen.

Mit den ausgeschnittenen Blattstückchen tapezieren die Blattschneiderbienen (*Megachile* spp.) ihre Brutzellen. In einer Beobachtungsnisthilfe haben Blattschneiderbienen vier Brutzellen (drei unten, eine in der Mitte) fertiggestellt.

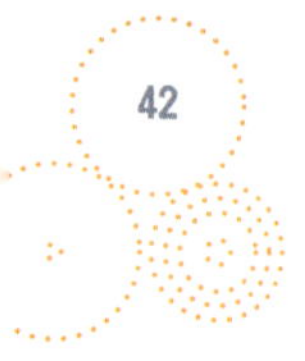

ÜBER DIE NISTWEISE DER MAUERBIENE

«Wenn die Mauerbiene nach vielen vorgenommenen Besichtigungen, sich an einen tauglichen Ort zu Anlegung der Wohnung oder des Nestes, erwählet hat; so fängt sie, und zwar ohne alle Hilfe, den Bau selbst an. Alle die verschiedenen Verrichtungen, wozu beij Aufführung eines Gebäudes so viele Hände erfordert werden, verrichtet sie allein. Sie ist Baumeister, Sandführer, Kalchlöcher, Mörtelrührer, und Maurer. Und alle diese mannigfaltigen Arbeiten verrichtet sie mit einer bewundernswürdigen Geschicklichkeit, und Geschwindigkeit.»

Schäffer (1764)

An einer Nisthilfe verschließt ein Weibchen der Rostroten Mauerbiene *(Osmia bicornis)* seine Brutzellen mit bindigem Bodenmaterial. Links neben der Maurerin ist ein bereits verschlossener Nesteingang zu sehen.

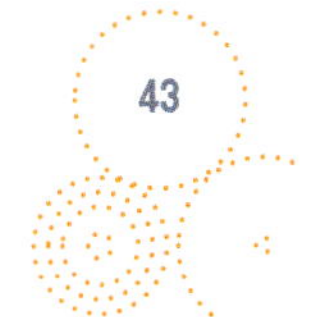

Bauch, Beine, Kropf – wie Bienen Pollen sammeln

Um die feinen Pollenkörner zum Nest zu bringen, haben sich bei den nestbauenden Bienenweibchen im Laufe der Evolution unterschiedlichste Pollensammelvorrichtungen ausgebildet. Honigbienen und auch Hummeln besitzen sogenannte Körbchen an den Hinterbeinen. Die Tiere vermischen den Blütenstaub mit etwas Nektar, formen dieses Gemisch zu kompakten Klümpchen und kleben es in die Körbchen. Die Bienen «höseln», wie Imker häufig sagen. Anstelle von Körbchen besitzen andere Bienen eine dichte Behaarung an den hinteren Beinpaaren, um den Pollen locker oder mit etwas Nektar vermischt zu sammeln und zu transportieren. Zu diesen Beinsammlern gehören unter anderem Pelz-, Sägehorn- und Hosenbienen. Letztere tragen ihren Namen aufgrund einer besonders stark ausgeprägten Sammelbehaarung an den Hinterbeinen.

Harz-, Löcher- und Scherenbienen sind hingegen typische Bauchsammler. Sie lagern den feinen Blütenstaub in einer dichten Behaarung an der Unterseite des Hinterleibs. Allein die winzigen Maskenbienen besitzen keine äußerlich sichtbaren Pollensammeleinrichtungen. Sie verschlucken den Blütenstaub, transportieren ihn im Kropf und würgen ihn zur Verproviantierung ihrer Brutzellen wieder hervor.

Spezialisten bei der Nahrungswahl

Bei der Wahl der Pollenquelle sind Bienen unterschiedlich stark spezialisiert, wobei Honigbienen und beinahe alle Hummeln außerordentliche Generalisten sind. Während sie die Blüten unterschiedlicher Pflanzenfamilien zur Pollenernte anfliegen und als polylektische Arten bezeichnet werden, gibt es unter den Solitärbienen zahlreiche Pollenspezialisten, sogenannte oligolektische Arten. Rund ein Drittel der nestbauenden mitteleuropäischen Solitärbienen sind oligolektisch. Auch beim Vorhandensein anderer Pollenquellen sammeln sie ausschließlich Pollen von Arten einer oder mehrerer Pflanzengattungen beziehungsweise einer Pflanzenfamilie. So sind Platterbsen-Mörtelbienen *(Megachile ericetorum)* auf Gedeih und Verderb auf das Vorkommen von Schmetterlingsblütlern, Distel-Mauerbienen *(Osmia leaiana)* auf Korbblütler und Glockenblumen-Sägehornbienen *(Melitta haemorrhoidalis)* auf Glockenblumengewächse angewiesen. Verschwinden die jeweiligen Nahrungspflanzen, können oligolektische Arten nicht auf andere Pollenquellen ausweichen und sind daher eher gefährdet als Generalisten. Es verwundert also nicht, dass zum Beispiel auf der Roten Liste der Bienen Deutschlands weit über die Hälfte der Pollenspezialisten wiederzufinden sind.

Bei den Bienen haben ausschließlich Weibchen die Hosen an. Die Weibchen der Dunkelfransigen Hosenbiene *(Dasypoda hirtipes)* haben besonders ausgeprägte Pollenbürsten an den Hinterbeinen.

Bei den Männchen der Dunkelfransigen Hosenbiene *(Dasypoda hirtipes)* ist die Behaarung der hinteren Beine bei Weitem nicht so stark ausgeprägt. Sie beteiligen sich nicht am Brutgeschäft und besitzen keine Pollentransportvorrichtungen.

Dieses unscheinbare Maskenbienenweibchen (*Hylaeus* sp.) sammelt Pollen von den Staubblättern einer Flockenblume.

Fördern lassen sich oligolektische Arten durch die Duldung oder Aussaat heimischer Blütenpflanzen aus den entsprechenden Pflanzenfamilien. Vom verbesserten Blütenangebot werden auch polylektische Bienen in unserem Garten oder auf anderen Flächen profitieren.

Ein Leben in Abhängigkeit

Ein stetes Angebot an geeigneten Blütenpflanzen, passende Kleinstrukturen zur Anlage eines Nestes und gegebenenfalls Baumaterialien zum Ausbau der Brutzellen – von diesen Ressourcen sind die nestbauenden Bienen bei der Versorgung ihrer Brut abhängig. Ständig fliegen die Weibchen zwischen dem Nistplatz und den Orten mit Nahrung und Baumaterial hin und her. Allein für die Versorgung einer Brutzelle mit Blütenprodukten benötigen die meisten Arten 10 bis 30, einige sogar 50 Sammelflüge – eine enorme Leistung für diese kleinen Geschöpfe! Entsprechend wichtig ist eine reich strukturierte Landschaft, in der alle notwendigen Strukturen dicht beieinanderliegen. Während die Arbeiterinnen der Honigbienen häufig in bis zu 3 km, in seltenen Fällen auch in bis zu 7 km Entfernung zum Nest noch bei der Nahrungssuche anzutreffen sind, ist der Flugradius ihrer wilden Verwandten deutlich begrenzter. Bei einem Gros der bisher untersuchten Wildbienen liegt die maximale Sammelflugdistanz zwischen 500 m und 1,5 km. Diese Werte werden jedoch innerhalb der jeweiligen Art nur von wenigen «Langstreckenfliegern» erreicht. Die meisten Tiere legen kürzere Strecken zwischen Nistplatz und Nahrungsquelle zurück.

Die Platterbsen-Mörtelbiene *(Megachile ericetorum)* ist auf Schmetterlingsblütler spezialisiert und sammelt Pollen auf Platterbsen, Hornklee und, wie hier, auf der Dornigen Hauhechel *(Ononis spinosa)*.

Fast alle heimischen Hummelarten sind ausgesprochene Pollengeneralisten: Sie sammeln Pollen von heimischen ebenso wie von fremdländischen Pflanzenarten, wie hier eine Dunkle Erdhummel *(Bombus terrestris)* von einer Robinie *(Robinia pseudoacacia)*.

Bedeutung, Gefährdung und Schutz

Die Frühlingssonne steht über dem weiten Land und gießt ihre warmen Strahlen aus. Am Himmel kreisen zwei Mäusebussarde – ihre «hijä»-Rufe sind weit zu hören. Auf der großen Streuobstwiese am Stadtrand stehen die Bäume in voller Blüte, und schon von Weitem hört man das Summen und Brummen der Bienen, die hier aktiv sind. Wenn jetzt keine Nachtfröste mehr kommen und die Obstblüten schädigen, wird es eine gute Ernte geben.

Bienen – ökologisch und ökonomisch bedeutsam

Von den Blütenpflanzen der gemäßigten Zonen der Erde sind 78 % der Arten auf Insekten als Bestäuber angewiesen. Die blütenbesuchenden Kerbtiere ermöglichen also den Fortbestand eines Großteils der Wild- und Kulturpflanzen und sichern einen erheblichen Teil unserer Nahrung. Ihr Verschwinden hätte katastrophale ökologische und ökonomische Folgen. Von den 109 wichtigsten Kulturpflanzen werden 87 Arten wie Apfel, Mandel, Erdbeere, Melone und Tomate von diesen Tieren bestäubt. Das sind fast 80 %. Der geschätzte Wert der jährlichen weltweiten Bestäubungsleistung liegt bei 153 Milliarden Euro.

Viele Obstgehölze, z. B. Apfelbäume, sind als sogenannte Fremdbefruchter auf die Bestäubung durch Insekten angewiesen.

Im Gegensatz zur Honigbiene fliegt die Rostrote Mauerbiene *(Osmia bicornis)* auch bei niedrigeren Temperaturen. Daher spielt sie vor allem während Schlechtwetterperioden eine wichtige Rolle bei der Bestäubung von Obstgehölzen.

Unter den Insekten sind die Bienen die wichtigste Bestäubergruppe, da sie, wie bereits dargelegt, Pollen und Nektar nicht nur für die eigene Ernährung, sondern auch für die Aufzucht ihrer Larven benötigen. Dabei macht die Honigbiene nur etwa ein Drittel der Bestäuberleistung aus, die anderen zwei Drittel gehen auf das Konto anderer Insekten, besonders der Wildbienen. Da viele Arten von ihnen auch bei geringen Strahlungs- und Temperaturwerten fliegen, bei denen Honigbienen im Stock bleiben, spielen sie gerade in ungünstigen Wetterperioden eine wichtige Rolle für Obst- und andere Kulturen. So fliegt zum Beispiel die Gehörnte Mauerbiene ab Mitte März schon bei 4 bis 5 °C. Es ist außerdem belegt, dass Wildbienen den Fruchtansatz landwirtschaftlicher Kulturen auch dann erhöhen, wenn Honigbienen häufig sind. Bei Kirschen und Raps sind Wildbienen zudem bessere Pollenüberträger als die Honigbiene. Schließlich gibt es Kulturpflanzenarten wie Rot-Klee, Luzerne und Tomate, die von der Honigbiene gemieden und nur von Wildbienen bestäubt werden. Der Rückgang von Wildbienen ist somit unweigerlich mit Ertragsverlusten in Landwirtschaft und im Gartenbau verbunden. Ebenso ist eine Fülle von Wildpflanzen auf Wildbienen als Bestäuber angewiesen.

Resümierend lässt sich sagen, dass gesunde Honigbienenbestände in Verbindung mit arten- und individuenreichen Wildbienengemeinschaften und weiteren Bestäubern wie etwa Schwebfliegen für eine lebendige Natur unabdingbar sind. Und was wäre für uns Menschen eine blühende Wiese ohne das Summen und Brummen der Blütenbesucher?

Tomatenpollen ist nur schwer für Bestäuber zugänglich. Hummeln schütteln ihn aus der Blüte heraus, indem sie sich unter die Staubblätter hängen und mit ihrem Körper zittern.

Nur Hummeln können durch das Vibrationssammeln («Buzzing») Tomatenblüten bestäuben. Ein reger Hummelbesuch im Garten verspricht folglich eine gute Tomatenernte.

Hoher Gefährdungsgrad im ländlichen Raum

Leider geht der Wildbienenbestand seit vielen Jahren zurück. So sind in Deutschland von den über 560 nachgewiesenen Wildbienenarten bereits 40 ausgestorben oder verschollen, und wenn nicht bald etwas Durchgreifendes geschieht, werden ihnen in absehbarer Zeit 30 weitere Arten folgen. Auch in der Schweiz waren im Jahr 1994 bereits 296 der damals bekannten 575 Arten auf der Roten Liste zu finden, also gefährdet. Für Österreich können keine genauen Angaben gemacht werden, da eine landesweite Erfassung der Bienen und damit auch eine Rote Liste bislang fehlen. Je nach Land und Region sind in Mitteleuropa 25 bis 68 % aller Wildbienen mehr oder weniger stark gefährdet, vom Aussterben bedroht oder bereits verschwunden. Dabei ist die Situation im ländlichen Raum viel dramatischer als in Städten, ist doch die Agrarlandschaft durch die stete Intensivierung der Landwirtschaft in den letzten Jahrzehnten immer lebensfeindlicher geworden, wie im Kapitel «Insekten – gefährdete Geschöpfe» bereits ausgeführt wurde.

Auf die Überdüngung der Landschaft sei jedoch noch einmal besonders verwiesen: Mineraldünger, Gülle, Mist und Gärreste aus Biogasanlagen haben zusammen mit den Stickoxiden aus dem Straßenverkehr und Verbrennungsanlagen inzwischen zu einem Stickstoffüberschuss von 97 kg pro ha geführt. Als Folge davon nimmt die Zahl der Pflanzenarten und damit auch der Nahrungspflanzen für Wildbienen rasant ab. Wo einstmals artenreiche Pflanzengesellschaften zu finden waren, wachsen heute oft nur noch wenige stickstoffverträgliche oder stickstoff-

Blassgelb färben sich Flächen, die mit Glyphosat behandelt wurden. Das Totalherbizid tötet sämtliche Wildpflanzen ab und vernichtet die Nahrungsgrundlage vieler Bienen.

liebende Arten wie Löwenzahn, Brennnessel, Klettenlabkraut und Giersch. Entsprechend eingeengt ist das Spektrum der dort anzutreffenden Bienenarten. Die Überdüngung hat aber noch einen anderen Effekt: Wo es am Boden zu schattig und kühl ist, können die Wärme und Trockenheit liebenden Wildbienen keine Brutplätze anlegen. Belegt ist auch die negative Wirkung der gut wasserlöslichen und schwer abbaubaren Neonicotinoide, die in den 1990er-Jahren als Nervengifte gegen Insekten in der Landwirtschaft eingeführt wurden. Verschiedene Studien von Wissenschaftlern an unterschiedlichen Bienenarten belegen klar, dass diese Insektizide den Orientierungssinn, das Lernvermögen, die Widerstandskraft, die Lebensdauer und die Fortpflanzung der Tiere erheblich beeinträchtigen. Ob Bienen die mit Neonicotinoiden behandelten Pflanzen sogar verstärkt anfliegen, die Stoffe also – ähnlich dem Nikotin beim Menschen – als Droge wirken, wird kontrovers diskutiert. Solange sich an der Praxis der konventionellen Landwirtschaft nichts Entscheidendes ändert, ist die Perspektive für Wildbienen im ländlichen Raum nicht gut.

Unabdingbar: Brutplätze, Blüten, Baumaterialien

Nach der Bundesartenschutzverordnung sind alle Wildbienenarten geschützt. Das ist gut so, nutzt aber nichts, wenn die Landschaft die Lebensansprüche der Tiere nicht erfüllt. Dies ist nur dann der Fall, wenn, wie bereits erwähnt, vielfältige Nistmöglichkeiten sowie ein breites Spektrum an Blütenpflanzen und Flächen zur

Ackerwildkräuter wie Kornblume *(Cyanus segetum)* und Klatschmohn *(Papaver rhoeas)* sind durch Saatgutreinigung und Herbizideinsatz in Getreidefeldern immer seltener geworden.

Gewinnung von Baumaterialien vorhanden sind. Trockenwarme, offene Lebensräume mit unbewachsenen oder schütter bewachsenen Bodenstellen, unbefestigte Wege, Flächen mit lockerem Sand, Gehölzbereiche mit Alt- und Totholz sowie Areale mit Stängeln vorjähriger Stauden, Holunder- und Brombeergebüschen etc. bieten den Wildbienen ausgezeichnete Lebenschancen, vor allem, wenn sie gut besonnt sind. Dazu muss in erreichbarer Nähe von möglichst nicht mehr als 150 bis 300 m ein breites Spektrum an krautigen Blütenpflanzen sowie insektenblütigen Gehölzen vorhanden sein, die vom zeitigen Frühjahr bis in den Herbst hinein ausreichend Nahrung bieten. Je größer die Entfernung der Nahrungsquellen zu den Nistplätzen ist, umso mehr wird die Erzeugung von Nachkommen eingeschränkt – bis hin zur Aufgabe des Brutgeschäftes. Je kleiner die Bestände der einzelnen Arten sind, desto mehr steigt die Wahrscheinlichkeit ihres Aussterbens an. Für die Blütenspezialisten, die oligolektischen Arten, ist es wichtig, dass die für sie notwendigen Pflanzenarten in ausreichender Individuenzahl vorhanden sind. Davon ist ihre Fortpflanzungsrate ganz entscheidend abhängig. Schließlich muss auch die Gewinnung artspezifischer Baumaterialien wie Harz, Lehm, Steinchen, Blätter und Pflanzenhaare im Nahbereich der Nistplätze gewährleistet sein.

Diese recht komplexen Anforderungen an den Lebensraum von Wildbienen erfüllen unter heutigen Bedingungen Städte viel besser als die meisten ländlichen Räume. Dort wäre die Wiedergewinnung von Rainen, Hecken, strukturreichen Gewässer- und Waldrändern etc. und deren extensive Pflege ein wichtiger Schritt. Darüber hinaus müsste aber auch die Düngermenge abgesenkt und die Verwendung von Herbiziden, Insektiziden und anderen Pestiziden stark eingeschränkt werden. Nur auf diese Weise könnten sich im Laufe der Zeit wieder eine höhere Vielfalt an Pflanzenarten und nötige Strukturen zum Anlegen von Nistplätzen entwickeln. Besonders ein steigender Anteil an Flächen mit ökologischem Landbau wäre förderlich.

Im städtischen Mosaik aus bebauten Flächen, Gärten, Friedhöfen, Parks, Straßenbäumen, Gewerbe- und Industriebrachen sind die Ansprüche, die Wildbienen an ihren Lebensraum stellen, viel besser erfüllt gut erkennbar an der viel höheren Artenzahl als außerhalb von Städten. Die zahlreichen Möglichkeiten zum Schutz dieser faszinierenden Tiere laden geradezu zum Handeln ein!

Hecken mit Beerensträuchern wie diese Schlehenhecke am Stadtrand bieten Honig- und Wildbienen besonders früh im Jahr einen reich gedeckten Tisch.

Bienenverwandte

Der Verwandtenkreis der Bienen ist enorm groß. Rübsen-Blattwespe *(Athalia rosae)*, Eichen-Gallwespe *(Cynips quercusfolii)*, Sand-Goldwespe *(Hedychrum nobile)*, Schwarzgraue Wegameise *(Lasius niger)*, Hornisse *(Vespa crabro)* und Feldsandwespe *(Ammophila campestris)* sind nur wenige Mitglieder der Bienenverwandtschaft. Die Familie der Bienen gehört zur artenreichsten Insektenordnung Mitteleuropas, den Hautflüglern.

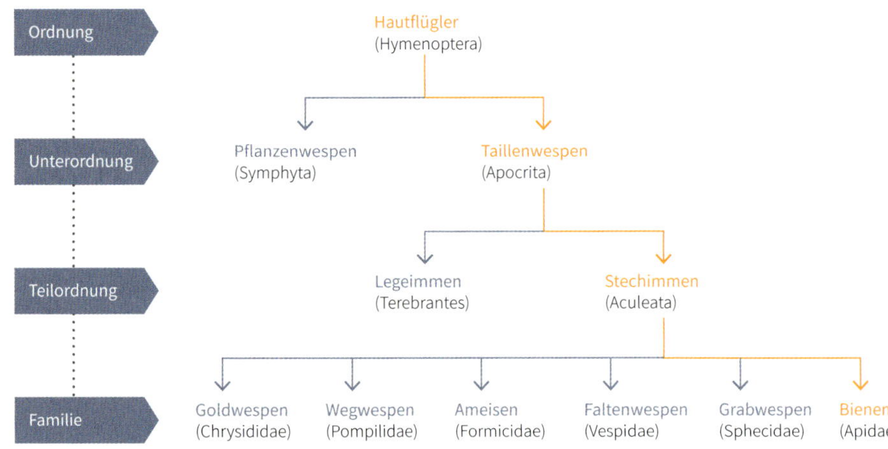

Systematik der Hautflügler.
(Es gibt noch weitere, hier nicht aufgeführte Familien.)

Hautflügler ohne und mit Wespentaille

Mit mindestens 11000 europäischen Arten und einer unvorstellbaren Vielfalt in Farbe, Form, Größe und Lebensweise wirken die Hautflügler für den Einsteiger unüberschaubar. Doch kann diese Tiergruppe in zwei klar voneinander abgrenzbare Unterordnungen aufgegliedert werden: die Pflanzenwespen und die Taillenwespen. Zu Letzteren gehören mit ihrer Wespentaille auch die Bienen. Die ursprünglicheren Pflanzenwespen unterscheiden sich von den Taillenwespen in erster Linie durch das Fehlen der Wespentaille, also der Einschnürung des Hinterleibs. Ihre Larven entwickeln sich überwiegend in oder an Pflanzenteilen und ernähren sich

Die schlanken Sandwespen sind anhand ihres lang gestielten Hinterleibs zu erkennen. Mit Raupen oder Blattwespenlarven versorgen sie ihre Brut.

Eine Wespentaille sucht man bei den Pflanzenwespen vergeblich, wie bei diesem gelbschwarz gefärbten Tier aus der Familie der Blattwespen (Tenthredinidae).

von Blättern, Stängeln, Knospen und Früchten. Da einige Pflanzenwespen unter bestimmten Umständen Kulturpflanzen stark schädigen und somit Ernteerträge beeinträchtigen können, werden sie in Land- und Forstwirtschaft sowie Gartenbau nicht gern gesehen. Während neben den Pflanzenwespen auch zahlreiche Taillenwespen inklusive der Ameisen immer wieder zumindest als Störenfriede angesehen werden, genießen die Bienen die größte Beliebtheit unter den Hautflüglern. Oftmals vergessen wir jedoch, dass sämtliche Hautflügler als Räuber, Parasiten und Beute verschiedener anderer Tiere sowie als Bestäuber und Verbreiter zahlreicher Pflanzen eine enorme Bedeutung für Mensch und Natur besitzen.

Legebohrer oder Wehrstachel?

Die Unterordnung der Taillenwespen kann wiederum in zwei Teilordnungen aufgegliedert werden: die Legeimmen und die Stechimmen. Namensgebend bei den Legeimmen ist der Legebohrer der weiblichen Tiere. Bei zahlreichen Arten ist dieser stielartige Legeapparat am Hinterleib gut zu erkennen und scheint ziemlich bedrohlich. Doch der Schein trügt, denn der Bohrer dient den Weibchen ausschließlich zur Ablage der Eier. Fast alle Legeimmen leben im Larvenstadium parasitoid. Das bedeutet, dass die Weibchen ihre Eier an oder in andere Insekten, Spinnen oder Tausendfüßer und deren Entwicklungsstadien legen. Die aus den Eiern geschlüpften Larven ernähren sich zunächst parasitisch von ihrem Wirt und töten diesen zum Ende ihrer larvalen Entwicklung. Schlupfwespen sind zum Beispiel solche Legeimmen, aber auch die an Pflanzen parasitierenden Gallwespen gehören dazu.

Charakteristisch für die Stechimmen ist ein Giftstachel, der sich im Laufe der Evolution aus einem Legestachel entwickelt hat. Dementsprechend sind auch nur die weiblichen Tiere in der Lage zu stechen. Zur Teilordnung der Stechimmen gehören

Parasitoide Schlupfwespen sind gelegentlich an Insektennisthilfen zu entdecken. Mit ihrem langen Legebohrer legen sie ihre Eier in die verschlossenen Brutzellen anderer Hautflügler.

Hornissen *(Vespa crabro)* sind die größten staatenbildenden Faltenwespen Mitteleuropas. Viele Vorurteile ihnen gegenüber sind unbegründet, denn sie sind weder besonders angriffslustig noch sind ihre Stiche gefährlicher als die der Honigbienen.

Auch Ameisen gehören zur engeren Verwandtschaft der Bienen. Einige Arten leben in Symbiose mit Blatt- oder Wurzelläusen, die sie «melken» und vor Fressfeinden verteidigen.

Der Bienenwolf *(Philanthus triangulum)*, hier ein Weibchen beim Graben seines unterirdischen Nestes, gehört zu den Grabwespen und macht Jagd auf Honigbienenarbeiterinnen.

die Familien der Goldwespen, Grabwespen, Wegwespen, Ameisen, Faltenwespen und eben der Bienen. Da zahlreiche Stechimmen ihre Brut mit anderen Insekten oder Spinnen versorgen, nutzen sie ihren Stechapparat in erster Linie zur Lähmung der Beutetiere. Die Arbeiterinnen der staatenbildenden Stechimmen wie zum Beispiel Honigbiene, Hummeln, Hornisse sowie Deutsche und Gemeine Wespe *(Vespula germanica, V. vulgaris)* machen zudem von ihrem Stachel Gebrauch, um Gefahren vom Nest fernzuhalten und Königin, Brut und Nahrungsvorrat zu verteidigen.

Friedfertige Summer

Die weit verbreitete Annahme, Hummeln könnten nicht stechen, müssen wir an dieser Stelle also revidieren. Denn wie alle heimischen Bienenarten haben sowohl Hummelarbeiterinnen als auch -königinnen einen Wehrstachel. Jedoch sind viele von ihnen äußerst friedfertig. Lediglich Baum- und Erdhummeln zeigen bei Bedrohung ihrer Völker gegenüber dem Menschen ein gewisses Verteidigungsverhalten, greifen aber niemals grundlos an.

Trifft man die Tiere fern vom Nest auf einer Blüte bei der Nahrungssuche an, kann man sie getrost aus unmittelbarer Nähe beobachten, ohne Stiche fürchten zu müssen. Kommt man einzelnen Hummeln dennoch zu nahe, warnen sie den Angreifer, bevor es tatsächlich zu einem Stich kommt: Sie heben ein Mittelbein. Nimmt die Bedrohung zu, drehen sie sich auf den Rücken und strecken dem Angreifer das Hinterteil mit ihrem Stachel entgegen. Dieses Verhalten ist als deutliche Warnung zu verstehen. Bedrängt man eine derart drohende Hummel weiter, wird sie möglicherweise stechen. Ganz ohne Sorge kann man sich den Solitärbienen nähern, denn selbst am Nest reagieren die Weibchen nicht aggressiv auf Gefahr. Werden sie oder ihre Brut bedroht, sind die Tiere nicht bereit, ihr Leben aufs Spiel zu setzen, und ergreifen stets die Flucht. Kleinere Arten wie Schmal- und Masken-

Eine Wiesenhummel *(Bombus pratorum)* hat es sich auf dem Finger bequem gemacht. Drücken oder zu sehr bedrängen sollte man die Tiere jedoch nicht, denn dann ist die Wahrscheinlichkeit groß, dass sie stechen.

Behutsam kann man Wildbienen, wie hier eine Efeu-Seidenbiene *(Colletes hederae)*, auf die Fingerspitze krabbeln lassen und hautnah erleben.

bienen gelangen mit ihrem schwachen Wehrstachel erst gar nicht durch die menschliche Haut. Lediglich größere Arten wären in der Lage, uns zu stechen, doch tun sie dies nur, wenn sie hierzu genötigt, sprich versehentlich gedrückt werden.

Vegetarische Blumenwespen

Ehemals wurden die Bienen als Blumenwespen bezeichnet, so auch in dem «Bienenbrehm» aus dem Jahr 1923, einem weltweit bekannten Werk von Heinrich (Friedrich August Karl Ludwig) Friese mit dem Titel «Die europäischen Bienen (Apidae). Das Leben und Wirken unserer Blumenwespen». Die alte Bezeichnung «Blumenwespen» hebt zum einen die enge Verwandtschaft zu den Wespen, zum anderen auch das Alleinstellungsmerkmal der Bienen in ihrem Verwandtenkreis hervor: ihre enge Beziehung zu den Blumen. Während die Wespenverwandtschaft ihre Brut mit tierischen Eiweißen, also eingetragenen Insekten oder Spinnen versorgt, ernähren sich Bienen als Imago und Larve ausschließlich von Blütenprodukten.

Bienen sind somit reine Vegetarier, die sich von ihren fleischfressenden, grabwespenähnlichen Vorfahren vor etwa 130 Millionen Jahren abgespalten haben. Im Laufe ihrer Evolution passten sich die Blumenwespen morphologisch immer mehr an das Sammeln und Transportieren von Nektar, Blütenölen und Pollen an. Viele Arten besitzen heute einen mittellangen bis langen Rüssel, eine dichte Körperbehaarung sowie teils hochentwickelte Sammel- und Transportvorrichtungen für Pollen. Schauen Sie den summenden Garten-, Terrassen- oder Balkonbesuchern einmal genauer auf Rüssel, Taille, Bauch und Beine. Ein Insekt, welches den oft sehr auffällig gefärbten Blütenstaub konzentriert an Hinterbeinen oder Abdomenunterseite gelagert hat, ist immer eine Biene – Verwechslungsmöglichkeiten mit anderen Hautflüglern sind in diesem Fall vollkommen ausgeschlossen.

TIPPS FÜR EIN FRIEDVOLLES MITEINANDER MIT STAATENBILDENDEN STECHIMMEN:

- Hektische Bewegungen vermeiden
- Einflugloch und Flugbahn der Tiere freihalten
- Erschütterungen im Nestbereich (Spielen, Rasenmähen, Gartenarbeit etc.) vermeiden
- Ausreichend Abstand zum Nest halten (evtl. Absperrung der unmittelbaren Umgebung)

Verwendete Quellen

Amiet (1994); Amiet & Krebs (2012); Bellmann (2010); BUND (2015); BfN (2014); BfN (2017); Friese (1923); Gill et al. (2012); Kessler et al. (2015); Kriener (2016); Leu (2018); Millet et al. (2016); Peeters et al. (2012); Pfiffner & Müller (2014); Schäffer (1764); Scheuchl & Willner (2016); Schmid-Egger (2016); Sypke (2016); Tautz (2012); Tison et al. (2016); Tison et al. (2017); von Hagen & Aichhorn (2014); Westrich (1989); Westrich (2014); Westrich (2016); Westrich (2018); Westrich et al. (2011); Whitehorn et al. (2012); Wiesbauer (2017); Wilson-Rich (2015); Witt (2009); Zurbuchen & Müller (2012); www.aktion-hummelschutz.de; www.wildbienen.info; www.dicoverlife.org

Knotenwespen versorgen ihre Larven zwar mit tierischem Eiweiß, die Imagines ernähren sich aber von energiereichem Nektar.

Zwei Brutzellen hat diese Grabwespe in einer Nisthilfe angelegt. Das Tier ähnelt zwar einer Maskenbiene, doch hat es als Larvenproviant keinen Pollen, sondern Blattläuse eingetragen.

Die mit gelben Pollen gefüllten Pollenhöschen verraten, dass es sich bei diesem unscheinbaren Tier um eine Biene handelt – es ist eine Breitkopf-Schmalbiene *(Lasioglossum laticeps)*.

Typische Innenstadtansicht: Marktplatz – hier von Osnabrück

LEBENSRAUM STADT

Über den Rathausplatz flanieren luftig gekleidete Menschen. Die Tische vor dem Café und vor der Pizzeria gegenüber sind alle besetzt. Hoch über dem städtischen Häusermeer zieht ein großer Pulk Mauersegler seine Kreise, die scharfen «sri-sri»-Rufe der Vögel sind deutlich vernehmbar. Vom Giebel eines Bürgerhauses ist der wohlklingende Gesang einer Amsel zu hören, und über die blühenden Wildpflanzen (von den meisten Menschen als Unkraut bezeichnet), die es geschafft haben, sich zwischen Kopfsteinpflaster und Rathausmauer anzusiedeln, gaukelt ein Tagpfauenauge. Zwischen den warmen Pflastersteinen sind, von Passanten unbeachtet, zahlreiche Sandhäufchen von Wildbienen zu sehen. Am plätschernden Brunnen spielen Kinder. Stadtsommer!

Kulturraum mit viel Natur

Was macht die Stadt, diesen ureigenen Lebensraum von uns Menschen, eigentlich aus? In den Vorstellungen mancher Zeitgenossen haben Städte und Natur ja nicht viel miteinander zu tun. Doch allein schon, wenn man den Blick von einem Aussichts- oder Kirchturm oder von einer Geländeerhebung über eine Stadt schweifen lässt, sieht oder ahnt man zumindest, dass Stadt und Natur sich nicht gegenseitig ausschließen.

Wenn auch jede Stadt ihr eigenes Gesicht – bestehend aus vielerlei Besonderheiten – hat, so gibt es doch eine ganze Reihe von charakteristischen Merkmalen, die Städte allgemein kennzeichnen. Dazu gehören die große Konzentration von Menschen auf engem Raum, das Überwiegen von Industrie, Gewerbe, Handel und Dienstleistungen im menschlichen Wirtschaftsleben, das vom Umland deutlich abweichende Klima, Besonderheiten bezüglich Böden, Wasserhaushalt, Flora und Fauna sowie etliche Umweltprobleme wie Lärm, Lichtverschmutzung, Feinstaub und Stickoxide.

Schon bei oberflächlicher Betrachtung erweist sich eine Stadt als sehr uneinheitlicher Lebensraum, in dem ganz unterschiedliche Teilflächen wie Häuserzeilen, Straßen, Gärten, Industrie- und Gewerbekomplexe, Parkplätze, Friedhöfe, Parks, Brachen etc. mosaikartig miteinander verzahnt sind. In dieser Mischung liegt eine gewichtige Ursache für die Reichhaltigkeit der urbanen Organismenwelt. Dabei nimmt der bebaute und versiegelte Anteil vom Stadtzentrum mit in der Regel geschlossener Bebauung über die innenstadtnahe Zone mit aufgelockerter Bebauung und die weiter außen gelegene Gartenstadtzone bis hin zur Peripherie mit Äckern, Wiesen, Weiden und Wald kontinuierlich ab und der Anteil an Grünstrukturen kontinuierlich zu, was einen erheblichen Einfluss auf die Verteilung der Tierwelt und eben auch der Wildbienen hat.

Der Blick von einer Anhöhe auf die Stadt zeigt, dass sie neben bebauten Bereichen auch viele Grünstrukturen aufweist.

Stark versiegelter und verkehrsreicher Bereich der Innenstadt

So trifft man auf gepflasterten Flächen der Innenstadt bisweilen auf eine hohe Konzentration von Nistplätzen wärmeliebender Sand- und Schmalbienenarten in den Pflasterfugen, erkennbar an ausgeworfenen Sandhäufchen. Auf blütenreichen Säumen des Stadtrandes dagegen tummeln sich verschiedene Seidenbienenarten auf den Blüten von Rainfarn und anderen Korbblütlern.

Das Stadtklima – anders als im Umland

Untersuchungen in ganz unterschiedlichen Städten zeigen, dass sich das urbane Klima deutlich und phasenweise erheblich vom Umland unterscheidet. Dies hat eine ganze Reihe von Ursachen wie die dichte Bebauung und Oberflächenversiegelung, das rasche Abführen von Niederschlägen, die große Menge an Abwärme durch Heizungen (vor allem im Winter) und Kraftfahrzeuge, der hohe Schadstoffanteil in der städtischen Lufthülle, der häufig unzureichende Luftmassenaustausch mit der städtischen Umgebung und der relativ geringe Grünflächenanteil vor allem in der Innenstadt. Daraus resultiert, dass Städte Wärme- und Trockenheitsinseln darstellen, in denen es 8 bis 10 °C wärmer sein kann als im Umland. Dieser Effekt ist umso stärker ausgeprägt, je weiter man sich der Innenstadt nähert. Zahlreichen Wildbienenarten kommt das sehr entgegen, da sie auf Wärme und Trockenheit angewiesen sind oder derartige Bedingungen zumindest bevorzugen. Warmtrockene Verhältnisse finden sich besonders auch auf begrünten Dächern, an vielen Mauern und Gebäuden, auf Bahnhofs- und Gleisanlagen, auf unbewachsenen oder schütter bewachsenen Brachen sowie an Straßen- und Parkplatzrändern. Dementsprechend trifft man an solchen Stellen regelmäßig auch auf Wildbienen.

Die städtische Pflanzenwelt – äußerst vielfältig

Zur Pflanzenwelt der Städte gehören die angepflanzten Arten, die Wildpflanzen und die verwilderten Nutz- und Zierpflanzen. Alle nicht angepflanzten Arten werden unter dem Begriff «Spontanflora» zusammengefasst, wobei ihre Zusammensetzung das Resultat einer langen Entwicklung ist. Bis heute kommt es immer wieder zu Veränderungen, ein Prozess, der sich eher noch beschleunigt. Zur Spontanflora gehören erstens ursprünglich einheimische Arten (indigene Arten) wie die Vogelmiere *(Stellaria media)*, zweitens Arten, die schon vor langer Zeit bei uns eingeführt

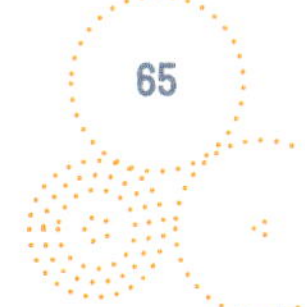

worden sind (Archäophyten), wie die Rotbeerige Zaunrübe *(Bryonia dioica)* und drittens Arten, die erst in jüngster Zeit nach Mitteleuropa gelangten (Neophyten), wie das aus Südafrika stammende Schmalblättrige Greiskraut *(Senecio inaequidens)*.

Insgesamt liegt der Anteil an Pflanzenarten in Städten meist höher als auf gleich großen Flächen des Umlandes, was einerseits aus dem Flächenmosaik und Strukturreichtum der Städte resultiert, andererseits aus der intensiven Nutzung der ländlichen Agrarlandschaft. Menge und Verteilung der einzelnen Pflanzen sind, wie nicht anders zu erwarten, abhängig von der Struktur und der Nutzung der verschiedenen urbanen Bereiche. Als besonders artenarm sind die nahezu vollständig versiegelten Gebiete der Innenstadt zu betrachten. Dagegen zeichnen sich zum Beispiel die Uferpartien stadtdurchziehender Fließgewässer und viele Brachen durch besonderen Artenreichtum aus. Zum Pflanzenartenreichtum der Städte tragen mancherorts auch die gezielte Anlage von wildpflanzenreichen Blühflächen und die heute oft extensivere Pflege öffentlicher Grünflächen bei. Letztere kann einerseits bewussten konzeptionellen Überlegungen entspringen, andererseits aber auch ein Zeichen von Personalmangel sein. Summa summarum finden Wildbienen an vielen Stellen in der Stadt günstige Nahrungsverhältnisse vor.

Auch von kleinen wildpflanzenreichen Blühflächen profitiert die städtische Bienenfauna.

Dem steht die eine oder andere negative Entwicklung entgegen, so etwa der vor einigen Jahren aufgekommene und nach wie vor anhaltende Trend, Gartenflächen unter Schotter oder gefärbtem Kies verschwinden zu lassen. Auch das immer mehr um sich greifende Beschichten von Beeten mit Rinden- oder Holzmulch wirkt sich negativ aus, weil es den Boden versauert und das Aufkommen von Wildpflanzen unterdrückt.

Weitere wildbienenförderliche Faktoren in Städten

Wildbienen benötigen nicht nur geeignete Nahrungspflanzen, sondern auch eine Vielzahl passender Nistplätze. Auch in dieser Hinsicht haben Städte einiges zu bieten. So finden sich auf Industrie- und Gewerbebrachen vielfach unbewachsene oder schütter bewachsene, nährstoffarme Böden, die den vielen bodennistenden Arten oft über lange Zeit die Chance zur Anlage ihrer Brutgänge bieten. Auch Spielplätze mit größeren Sandflächen, ritzen- und spaltenreiche alte Mauern von Friedhöfen, Parkanlagen und Privatgrundstücken, vorjährige trockene Stauden auf Brachen und manch andere Fläche oder Struktur bieten zahlreiche Nistmöglichkeiten. Viele Schulen und Kindergärten haben in den letzten Jahren Bienennisthilfen auf ihrem Gelände angebracht, manche haben außerdem blütenreiche Flächen geschaffen.

Auch wenn die vielen nächtlichen Lichtquellen, Verkehrsflächen und der darauf rollende Kraftfahrzeugverkehr sowie diverse Schadstoffe und manch andere negative Faktoren sicher nicht ohne Wirkung sind, stellt die Stadt doch einen vielfältigen Lebensraum dar, der zahlreichen Tierarten und eben auch vielen Wildbienenarten Lebensmöglichkeiten bietet und so einen wichtigen Beitrag zur Bewahrung der biologischen Vielfalt leistet.

Verwendete Quellen

Ebel et al. (1997); Obrist et al (2012); Sukopp & Wittig (1998); Wittig (2002); Zucchi (2018)

Bienenfreundlicher Garten in einem innerstädtischen Schrebergartengelände

Mit dem Aufblühen zahlreicher Frühblüher beginnt die Wildbienensaison in der Stadt. Von nun an können Sie bis in den Herbst hinein warme und sonnige Tage für unterschiedliche Wildbienenexpeditionen nutzen.

WILDBIENEN IM JAHRESLAUF ENTDECKEN

Viele Stadtbewohner suchen in ihrer Freizeit regelmäßig ländliche Regionen auf, weil sie Natur erleben möchten. Nun ist das, was Menschen unter Natur verstehen, sicher sehr verschieden. Die Vorstellung jedoch, dass das Land viel Natur und die Städte in dieser Hinsicht wenig zu bieten haben, ist ohne Zweifel irrig. Bei Spaziergängen durch Städte, egal ob große oder kleine, trifft man auf Parks, Gärten, Brachflächen, Friedhöfe, Straßenbäume, Streuobstwiesen, unterschiedliche Fließ- und Stillgewässer mit ihren Uferbereichen und vieles mehr. Und man kann dabei vom zeitigen Frühjahr bis in den Herbst hinein an vielen Stellen unterschiedliche Wildbienenarten bei ihren Aktivitäten beobachten.

In Städten vorkommende Wildbienenarten

Aufgrund des günstigen Mikroklimas, der vielfältigen Strukturen und des reichen Blütenangebots können Städte inmitten einer intensiv genutzten Agrarlandschaft für viele Insekten mit einer Oase in einer kargen Wüste verglichen werden. Dass Honigbienen in Städten bzw. im städtischen Umfeld mehr Nahrung und somit auch bessere Lebensbedingungen vorfinden als auf dem Land, haben verschiedene wissenschaftliche Arbeiten aus Mitteleuropa aufgezeigt. Ebenfalls beherbergen viele mitteleuropäische Städte hinsichtlich Artenvielfalt und Individuenzahlen eine erstaunlich reiche Wildbienenfauna. So sind für Berlin bisher 298 Wildbienenarten bekannt, für das Stadtgebiet von Köln 228 Arten, für Stuttgart 258 Arten und für Zürich 142 Arten. In Wien konnten sogar 456 Bienenarten und damit knapp 67 % der in Österreich bekannten Arten nachgewiesen werden. Um auch in der nordwestdeutschen Stadt Osnabrück herauszufinden, wo, wann und welche Wildbienen zu entdecken sind, führten wir dort im Jahr 2016 zum ersten Mal eine systematische Erfassung der Bienen, ihrer Nistplätze und ihrer Trachtflächen in unterschiedlichen Stadtteilen durch. Ausgerüstet mit Insektenkeschern und Rollrand-Schnappdeckelgläsern haben wir uns von März bis September auf die Spur der Tiere begeben. Auf diesem Weg konnten wir innerhalb einer Vegetationsperiode insgesamt 99 Arten für das ca. 120 km² große Gebiet der kreisfreien niedersächsischen Stadt nachweisen – das ist über ein Viertel der Wildbienenfauna Niedersachsens. Sicher liegt die tatsächliche Artenzahl aber höher. Weltweit wurden in den unterschiedlichsten Städten Parkanlagen, Ruderalflächen, Industrieareale, extensiv genutzte Grünflächen, Haus- und Schrebergärten sowie botanische Gärten auf das Vorkommen von Wildbienen hin untersucht. Überall waren zahlreiche Vertreter dieser Tiergruppe anzutreffen. Die Untersuchungen in Städten zeigen auch,

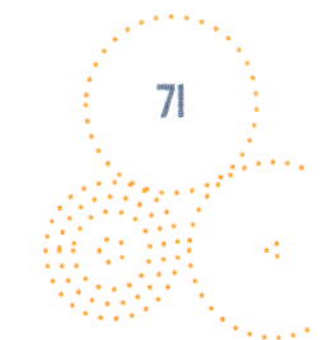

dass in den dicht bebauten und hoch versiegelten Großstadtzentren mit deutlich weniger Wildbienen zu rechnen ist als in den Stadtrandbereichen bzw. Vorstadtzonen.

Doch auch wenn das Blütenangebot und die Niststrukturen optimal ausgeprägt sind, können Städte nicht allen heimischen Wildbienenarten einen geeigneten Ersatzlebensraum bieten. Ökologisch hoch spezialisierte Arten können nur in ihren jeweiligen Lebensräumen wie Magerrasen, Mooren, Schilfröhrichten, Salzwiesen und Felshängen existieren und sind entsprechend auf deren Erhalt, am besten durch Unterschutzstellung, angewiesen.

Bienenarten, die mehr oder weniger eng an menschliche Siedlungsräume gebunden sind und entsprechend regelmäßig in Dörfern und Städten angetroffen werden können, werden als synanthrope Arten oder Kulturfolger bezeichnet. Im Kasten auf Seite 72 f. werden neben bekannten Arten, welche eine solche Synanthropie zeigen, weitere Bienen vorgestellt, die unter bestimmten Bedingungen im Siedlungsraum vorkommen können.

Wildbienen auf Schritt und Tritt

Warme, windarme und sonnige Tage im Frühjahr, Sommer oder Herbst sind besonders geeignet, um die Bienenvielfalt in den Städten zu erkunden. Schließlich lockt das angenehme Wetter nicht nur uns Menschen nach draußen, sondern auch viele wärmeliebende Brummer. Nutzen Sie solche Tage und gehen Sie mit Familie, Freunden, Schulklassen oder Kindergruppen auf Wildbienenexpedition. Gemeinsam können Sie, angeleitet durch dieses Buch, herausfinden, wo Bärtige Sandbienen *(Andrena barbilabris)* Nester bauen, Garten-Wollbienen *(Anthidium manicatum)* Blütenreviere besetzen und Efeu-Seidenbienen *(Colletes hederae)* ihre Nahrung finden. Für manche Bürger unterschiedlichster Städte beginnt die Expedition ins Reich der wilden Bienen sogar unweit ihrer eigenen Haustür.

Beim Wildbienenentdecken ist ein respektvoller und behutsamer Umgang mit den sensiblen Kleinlebewesen das A und das O. Weder die Bienen selbst noch ihre Lebensräume sollten zu Schaden kommen. Achten Sie darauf, dass beim Erkunden von Nahrungs- und Nistflächen keinesfalls Nahrungspflanzen zertreten oder Nesteingänge verschüttet werden. Auch mit etwas Distanz lassen sich die Tiere bei Nestbau und Nahrungssuche gut bestaunen. Wenn die beobachteten Wildbienen nicht zu bestimmen sind, seien Sie nicht verzweifelt, sondern erfreuen Sie sich an Vielfalt, Schönheit und Verhalten dieser faszinierenden Geschöpfe!

SYNANTHROPE SOWIE WEITERE IN DIESEM BUCH VORGESTELLTE BIENENARTEN, DIE IN MITTEL-EUROPÄISCHEN STADTGEBIETEN VORKOMMEN KÖNNEN:

1. Kurzfühler-Maskenbiene
2. Gewöhnliche Maskenbiene
3. Mauer-Maskenbiene
4. Rainfarn-Maskenbiene
5. Lauch-Maskenbiene
6. Reseden-Maskenbiene
7. Frühlings-Seidenbiene
8. Buckel-Seidenbiene
9. Filzbindige Seidenbiene
10. Efeu-Seidenbiene
11. Rainfarn-Seidenbiene
12. Bärtige Sandbiene
13. Zweifarbige Sandbiene
14. Grauschwarze Düstersandbiene
15. Rotbeinige Lockensandbiene
16. Rotbeinige Körbchensandbiene
17. Gewöhnliche Bindensandbiene
18. Fuchsrote Lockensandbiene
19. Rotschopfige Sandbiene
20. Schlehen-Lockensandbiene
21. Erzfarbene Düstersandbiene
22. Glänzende Düstersandbiene
23. Frühe Doldensandbiene
24. Frühe Lockensandbiene
25. Gesellige Sandbiene
26. Große Weiden-Sandbiene
27. Rotbauch-Sandbiene
28. Gewöhnliche Goldfurchenbiene
29. Gelbbindige Furchenbiene
30. Gewöhnliche Schmalbiene
31. Breitkopf-Schmalbiene
32. Dunkelgrüne Schmalbiene
33. Feldweg-Schmalbiene
34. Grünglanz-Schmalbiene
35. Sechsstreifige Schmalbiene
36. Glockenblumen-Sägehornbiene
37. Luzerne-Sägehornbiene
38. Auen-Schenkelbiene
39. Dunkelfransige Hosenbiene
40. Garten-Wollbiene
41. Felsspalten-Wollbiene
42. Gemeine Düsterbiene
43. Platterbsen-Mörtelbiene
44. Garten-Blattschneiderbiene
45. Gewöhnliche Löcherbiene
46. Kurzfransige Scherenbiene
47. Langfransige Scherenbiene
48. Hahnenfuß-Scherenbiene

Eine ausführliche Liste mit weiteren Informationen sowie den wissenschaftlichen Namen der Arten finden Sie ab Seite 230.

49. Glockenblumen-Scherenbiene
50. Natternkopf-Mauerbiene
51. Zweifarbige Schneckenhausbiene
52. Rostrote Mauerbiene
53. Blaue Mauerbiene
54. Gehörnte Mauerbiene
55. Einhöckerige Mauerbiene
56. Wald-Pelzbiene
57. Frühlings-Pelzbiene
58. Frühlings-Trauerbiene
59. Gewöhnliche Keulhornbiene
60. Weißfleckige Wespenbiene
61. Gewöhnliche Wespenbiene
62. Rothaarige Wespenbiene
63. Bärtige Kuckuckshummel
64. Gartenhummel
65. Baumhummel
66. Steinhummel
67. Helle Erdhummel
68. Norwegische Kuckuckshummel
69. Ackerhummel
70. Wiesenhummel
71. Wald-Kuckuckshummel
72. Dunkle Erdhummel
73. Keusche Kuckuckshummel

FOLGENDE UTENSILIEN KÖNNEN AUF EINER WILDBIENENEXPEDITION NÜTZLICH SEIN:

- Lupe
- Digitalkamera, wenn möglich mit Makroobjektiv
- Rollrand-Schnappdeckelgläser, Becherlupen oder ähnliche Behältnisse
- Wildbienenbuch von Amiet & Krebs (2012) zur Bestimmung beobachteter Bienen
- Hummelbestimmungshilfe für Fortgeschrittene von Witt (2017)
- Bestimmungshilfe von Nisthilfenbesiedlern von Witt (2014)
- Lineal zum Vermessen der Breite von Pflasterfugen (siehe Seite 110)
- Otoskop zum Absuchen der Nesteingänge an Wildbienennisthilfen (Anleitung siehe Seite 127)
- etwas Zucker, gelöst in Wasser, zum Aufpäppeln geschwächter Bienen (Anleitung siehe Seite 118)
- gegebenenfalls Stadtplan
- dieses Buch

EXKURSIONSTI

Ort:
öffentliche Grünanlagen und private Gärten

Mögliche Bienenbeobachtungen:
Honigbienen, erste Hummelarten

Geeignete Jahreszeit:
Mitte Februar, Anfang März

Mit Bürste, Kamm und Körbchen

Auch wenn es Ende Februar oft noch winterlich nass und kalt ist und das Frühjahr weit entfernt scheint, zeigen sich in vielen Städten unter den kahlen Bäumen erste Frühjahrsboten. Winterlinge *(Eranthis hyemalis)* strecken in zahlreichen Vorgärten ihre gelben Köpfe empor, und auch Schneeglöckchen *(Galanthus nivalis)* wagen sich mit weiß-geneigtem Haupt aus dem Boden. An sonnigen und etwas wärmeren Tagen verlassen so früh im Jahr auch die ersten Honigbienen ihre Beute. So lassen sich bei einem Spaziergang durch unterschiedliche Grünanlagen in den Blüten von Schneeglöckchen und Winterlingen am Wegesrand immer wieder einzelne Honigbienenarbeiterinnen beobachten, die eifrig ihrer Sammeltätigkeit nachgehen.

Da so früh im Jahr kaum eine andere Bienenart unterwegs ist, fällt es besonders leicht, die Alleinstellungsmerkmale dieser domestizierten Biene genau zu beobachten: Sie ist etwa 12 mm groß, ihre Brust ist braun behaart, und ihr Hinterleib weist helle Filzbinden auf. In Klein- und Großstädten werden von den Imkern auf Hochhausdächern, in Kleingärten, an Waldrändern und in Streuobstwiesen unterschiedliche Rassen der Westlichen Honigbiene gehalten. Diese Tiere unterscheiden sich vor allem durch die Färbung des Hinterleibs. So findet man Individuen, bei denen der Hinterleib einheitlich dunkelbraun gefärbt oder an der Basis mehr oder weniger orange aufgehellt ist. In Färbung, Größe und Behaarung sehen nur wenige Wildbienen den Honigbienenarbeiterinnen auf den ersten Blick ähnlich. Letztere können gut anhand ihrer auffällig geformten Hinterbeine erkannt werden. Betrachtet man diese etwas genauer, fallen schnell die stark verbreiterten Schienen und Fersen ins Auge. Hierbei handelt es sich um hochentwickelte Pollensammel- und Transportvorrichtungen. Mit etwas Glück sieht man, wie die Biene beim Besuch der Winterlinge zunächst mit den Vorderbeinen den gelben Pollen direkt aus der Blüte aufnimmt oder sorgfältig aus ihrer Kopf- und Brustbehaarung kämmt. Anschließend übergibt sie den feinen Blütenstaub, vermischt mit etwas Nektar, an eine bürstenartige Behaarung auf der Innenseite ihrer stark verbreiterten Hinterfersen (= Bürsten) und drückt ihn von dort aus mit dem Kamm in die Körbchen der gegenüberliegenden Hinterschienen. Auf diese Weise bilden sich an der Außenseite der Hinterschienen nach und nach gut erkennbare gelbe «Pollenhöschen».

Mit entsprechender Übung können sogar vorbeifliegende Honigbienen von größeren Sandbienen und anderen Wildbienen unterschieden werden: Honigbienen lassen das hintere Beinpaar im Flug herabhängen, sodass die breiten Fersen und Schenkel gut zu erkennen sind. Die Hummeln besitzen ähnliche Pollensammelvorrichtungen. Auch von ihnen sind so früh im Jahr einzelne, besonders dicke und bis zu 25 mm große Exemplare unterwegs. Aufgrund ihrer Körpergröße und dichten Behaarung können verschiedene Hummelarten bereits ab 3 °C Lufttemperatur fliegen. Sie sind also besonders früh im Jahr und auch besonders früh am Tag unterwegs. Zudem sind die dicken Brummer in der Lage, ihre Körpertemperatur aktiv zu regulieren. Obwohl sie zu den wechselwarmen (= poikilothermen) Tieren gehören, können Hummeln durch das Entkoppeln der Flugmuskulatur von den Flügeln und anschließendes Vibrieren dieser Muskeln ihren Körper auf eine Starttemperatur von 30 bis 40 °C bringen – das entspricht etwa der Körpertemperatur des Menschen.

Eine Honigbienenarbeiterin schlüpft zum Nektar- und Pollensammeln in die frisch geöffnete Blüte eines Winterlings.

EXKURSIONSTIPP

Ort:
öffentliche Parkanlagen, Gärten und andere Grünflächen

Mögliche Bienenbeobachtungen:
diverse Hummelarten, Frühlings-Pelzbienen, Gehörnte Mauerbienen, Fuchsrote Sandbienen und viele weitere Frühjahrsbienen

Geeignete Jahreszeit:
März, April

Frühjahrsblüher und Frühaufsteher

Von Tag zu Tag bringen im März immer mehr Frühjahrsboten die mitteleuropäischen Städte zum Erblühen: In vielen Grünanlagen, Schloss- und Privatgärten sind es Krokus (*Crocus* spp.), Blaustern (*Scilla* spp.) oder Lungenkraut *(Pulmonaria officinalis)*, unter manchen unbelaubten Bäumen Buschwindröschen *(Anemone nemorosa)*, Scharbockskraut *(Ficaria verna)* und andere Pflanzen. Das bunte Frühjahrserwachen lockt immer mehr Bienen nach draußen.

Steigen Ende März die Temperaturen über 12 °C, so lohnt sich eine Wildbienenexpedition durch extensiv gepflegte Parkanlagen, die häufig von alten Laubgehölzen geprägt werden. Unter diesen blüht hier und da in der sonst so dichten Laubstreu am Boden ein rosa-weißer Teppich aus unzähligen Lerchenspornblüten *(Corydalis cava)*.

An solchen Orten können Sie verschiedene Hummelköniginnen bei ihrem emsigen Treiben entdecken. Einige Tiere hängen an den Blüten und saugen Nektar, während andere noch etwas unentschlossen über ihrem potenziellen Landeplatz umherfliegen. Schnell wird deutlich, dass sich diese dicken Bienen in ihrer Färbung mehr oder weniger stark voneinander unterscheiden. Wie bereits zu Beginn des Buches erwähnt, gibt es in unseren Städten und ihrer unmittelbaren Umgebung sieben häufige Hummelarten, deren Königinnen von März bis Mai auch in den Parkanlagen nach Nahrung suchen. Haben Sie bereits eine Hummel entdeckt? Dann schauen Sie einmal genauer hin und finden Sie mit der vereinfachten Bestimmungshilfe heraus, welche Art es sein könnte.

Buschwindröschen *(Anemone nemorosa)* bilden in manchen Stadtwäldern ab März ausgedehnte Teppiche. Die zarten Frühblüher bieten den Bienen zwar keinen Nektar, dafür aber Pollen.

Große Bestände des Lerchensporns kann man unter Gehölzen auf humosen Lehmböden vorfinden.

HUMMELBESTIMMUNGSHILFE FÜR EINSTEIGER: DIE 7 HÄUFIGSTEN ARTEN UNSERER STÄDTE

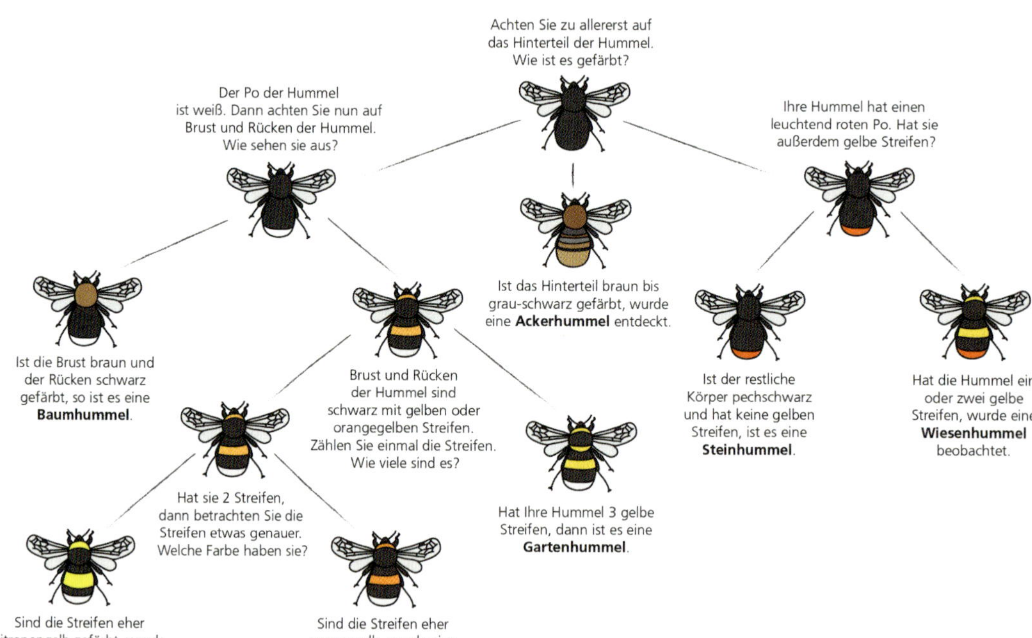

War die beobachtete Hummel nicht dabei? Kein Problem, selbst für Hummelexperten ist eine Hummelbestimmung nicht immer leicht. Schließlich gibt es in Deutschland, Österreich und der Schweiz insgesamt über 40 unterschiedliche Hummelarten, und die Hummelkleider einer Art können sehr unterschiedlich aussehen. Hier dargestellt sind lediglich die sieben häufigsten Hummelarten in ihren typischen Kleidern.

Nektardiebe auf Streifzug

Noch etwas schwerfällig von der langen Winterruhe fliegen unter anderem Gartenhummeln *(Bombus hortorum)* von Blüte zu Blüte. Der zuckerreiche Blütensaft des Lerchensporns ist eine ihrer ersten Energiequellen in diesem Jahr. Die Gartenhummelkönigin ist mit ihrem ca. 21 mm langen Rüssel (dies entspricht in etwa ihrer eigenen Körperlänge) besonders gut daran angepasst, den Nektar aus den langkelchigen Lerchenspornblüten zu saugen. Beim Besuch der Blüten wird der Pollen von unten in das dichte Haarkleid der Hummel gedrückt. Fliegt das Tier eine weitere Lerchenspornblüte an, wird der fremde Pollen auf deren Narbe übertragen, sodass diese dann bestäubte Pflanze einen Fruchtkörper ausbilden kann. Bereits kurz nach dem Verwelken der Blüten sind beim Lerchensporn blassgrüne, schotenförmige Kapselfrüchte zu erkennen. In ihnen sind mehrere schwarze Samen enthalten, die ab Mai durch das Öffnen der Kapseln ausgesät werden. Hummeln, weitere Bienen und auch andere Insekten sichern durch den steten Blütenbesuch die Bestäubung und damit die Samenbildung sowie die Ausbreitung von Lerchensporn und weiteren Frühblühern ebenso wie von anderen Wild- und Kulturpflanzen. Als Belohnung für ihre Bestäubungsarbeit wird ihnen von vielen Pflanzen Nektar zur Verfügung gestellt.

Nehmen Sie einmal die gespornten Blüten unter die Lupe. Beim genaueren Hinsehen fallen winzige Löcher auf. Es sind die Einbruchspuren einiger Nektardiebe, denn hier waren kurzrüsselige Hummeln am Werk. Der Rüssel einer Dunklen oder Hellen Erdhummelkönigin *(Bombus terrestris, B. lucorum)* ist nur halb so lang wie der Rüssel der Gartenhummel. Sie gelangen folglich nicht auf dem üblichen Weg an den tief liegenden Blütensaft des Frühblühers. Während kleinere, kurzrüsselige Bienenarten wie die Honigbiene (ihre Zunge ist lediglich 6 mm lang) auf andere Nahrungspflanzen ausweichen müssen, gelangen Hummeln durch das Aufbeißen der Blüten mit ihren kräftigen Mandibeln an den Nektar. Mit dem Pollen kommen sie dabei nicht in Kontakt und tragen so auch nicht zur Bestäubung der Blüte bei. Da die betroffene Pflanze keinerlei Vorteil von diesem Verhalten der Hummeln hat, spricht man in solchen Fällen von Nektarraub oder Nektardiebstahl. Auch später im Jahr kann man die pelzigen Nektardiebe auf frischer Tat beim Aufbeißen von Akelei (*Aquilegia* spp.), Beinwell (*Symphytum* spp.), Vogel-Wicke *(Vicia cracca)* oder anderen Schmetterlingsblütlern ertappen.

Der Rüssel einer Gartenhummel *(Bombus hortorum)* ist so lang, dass sie mit ihm an den tief im Sporn der Lerchenspornblüte liegenden Nektar gelangt.

War die Bestäubung erfolgreich, bildet der Lerchensporn bereits nach wenigen Tagen mehrere schotenförmige Früchte aus.

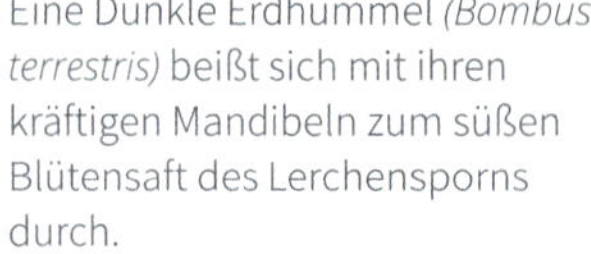

Eine Dunkle Erdhummel *(Bombus terrestris)* beißt sich mit ihren kräftigen Mandibeln zum süßen Blütensaft des Lerchensporns durch.

Winzige Löcher im Sporn der Lerchenspornblüten weisen darauf hin, dass hier eingebrochen und Nektar gestohlen wurde.

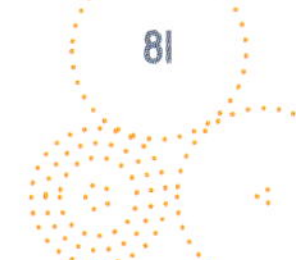

Flinke Flieger

Neben den großen Hummelköniginnen fliegen ähnlich dicht behaarte, gedrungene Bienen mit erhöhtem Tempo zwischen den Lerchenspornblüten umher. Beim längeren Hingucken und Hinhören wird klar, dass es sich bei diesen flinken Fliegern trotz einer gewissen Ähnlichkeit nicht um Hummeln handeln kann. Immer wieder unterbrechen einzelne Tiere den rasanten Flug durch eine kurze Schwebephase in der Luft und ändern abrupt ihre Flugrichtung, bis sie sich an einer Blüte zum Nektarsaugen niederlassen.

Es sind Frühlings-Pelzbienen *(Anthophora plumipes)*, deren Weibchen in zwei unterschiedlichen Farbvarianten auftreten: eine helle Form, die graubraun behaart ist und schwach angedeutete Hinterleibsbinden sowie rostrote Beinbürsten besitzt, und eine dunkle Form, die rote Beinbürsten besitzt und ansonsten komplett schwarz behaart ist. Mit ihrem langen Rüssel sammeln Pelzbienen bevorzugt an den langkelchigen Blüten von Lerchensporn, Lungenkraut, Taubnessel (*Lamium* spp.) und Schlüsselblume (*Primula* spp.) Nahrung. So fliegen die pelzigen Bienen hastig zwischen den Blütenständen umher und geben dabei einen sehr hohen, hummeluntypischen Summton von sich.

Von März bis Mai sind die Bienen mit der auffälligen Flugweise in vielen blütenreichen Gärten der Stadt zu entdecken, vorausgesetzt natürlich, sie finden in unmittelbarer Umgebung einen passenden Nistplatz. Frühlings-Pelzbienen leben solitär und nutzen sandige, lössige oder lehmige Steilwände oder Abbruchkanten als Nistplatz. In vielen Städten bieten auch alte Fachwerkhäuser ebenso wie Gebäude und Mauern mit porösen Kalkmörtel- oder Lehmfugen den Steilwandbewohnern einen geeigneten Ort zum Nisten.

Die Frühlings-Pelzbiene ist zwar die häufigste und am weitesten verbreitete Steilwand-Biene in unseren Siedlungsräumen, doch erfährt sie durch den Abbruch oder die penible Restauration alter Gebäude immer wieder Verluste. Die Frühlings-Pelzbienen im eigenen Garten oder am Haus ansiedeln und fördern können Sie durch das Aufstellen von mit Lehm oder Löss gefüllten, senkrecht stehenden Holzkästen. Ist eine künstliche Lehm- oder Lösswand von den pelzigen Brummern besiedelt, fallen etwa fingerdicke Löcher auf: Es sind die Eingänge zu ihren Nestern. Zudem zeugen lockere Lehm- oder Lössanhäufungen vor den Nesteingängen von der Grabaktivität der Weibchen. Mit ihren Mandibeln nagen die Tiere bis zu 10 cm tiefe, teils zwei- bis dreifach verzweigte Gänge in das Erdmaterial und legen an ihren Enden ein bis vier hintereinander angeordnete Brutzellen an. Hilfreiche Tipps zum Bau dieser Nisthilfen werden Ihnen im Kapitel «Wildbienen schützen in der Stadt» gegeben.

Der Rüssel der Pelzbienenweibchen ist an der Spitze dicht behaart. Mit ihm trinken sie Nektar, nutzen ihn aber ebenso, um Pollen aus den Blüten herauszuholen.

In manchen naturnahen Parkanlagen müssen Pelzbienen nicht lange nach Nahrung suchen: Hier blühen Schlüsselblumen dicht an dicht.

Ein Pelzbienenweibchen guckt aus seinem Nest heraus, welches es in den porösen Fugen einer alten Mauer errichtet hat.

Hummelköniginnen auf Wohnungssuche

Im Gegensatz zu den Pelzbienen können die primitiv-sozialen Hummeln nicht besonders gut graben. Um ihren Staat zu gründen, suchen die Königinnen im zeitigen Frühjahr nach bereits vorhandenen Hohlräumen unter oder über der Erdoberfläche. So kann man an vielen Orten der Stadt von März bis Mai Königinnen beobachten, die nicht gezielt von Blüte zu Blüte, sondern in engen Kurven dicht über den Boden entlang von Hecken und Sträuchern hin und her fliegen. Erdlöcher und -vertiefungen wecken ihre Aufmerksamkeit, und sie landen, um die Stelle auf allen sechs Beinen näher zu erkunden. Führt ein Loch in die Erde, kriecht die Hummel hinein und verschwindet für einige Zeit. Anscheinend prüft die zukünftige Nestgründerin, ob der unterirdische Hohlraum sämtliche Anforderungen für ein Nest erfüllt: Ist er noch von einem Säugetier bewohnt? Ist er bereits von einer anderen Hummelkönigin bezogen? Ist er groß genug? Ist wärmendes und isolierendes Nistmaterial wie trockenes Laub oder Moos, Tierhaare oder Federn vorhanden? Ist er überflutungssicher? Ist er geschützt vor Feinden?

Wie in der Vogelwelt suchen die unterschiedlichen Hummelarten unterschiedliche Standorte für ihre Nester auf. Während Helle Erdhummeln *(Bombus lucorum)* ausschließlich unterirdische Hohlräume wie alte Mäusenester oder Maulwurfsgänge als Nistplatz aufsuchen, wählen Baumhummeln *(Bombus hypnorum)* stets Hohlräume über der Erde, zum Beispiel in Vogelnistkästen, Baumhöhlen, Gebäudenischen, Dachböden sowie verlassenen Eichhörnchen- oder Siebenschläfernestern. Viele Hummelarten nisten sowohl unter- als auch oberirdisch. Wiesen- und Ackerhummel legen ihre Nester darüber hinaus auch in Grasbüscheln oder unter Moospolstern an. Auch in vielen extensiv gepflegten Parkanlagen können Sie den nistplatzsuchenden Hummelköniginnen auf die Spur gehen. Halten Sie doch einmal unter den Bäumen Ausschau nach Löchern und Gängen von Wühlmäusen. Schließlich gründen erdnistende Hummeln ihre Staaten am liebsten in Kleinsäugernestern, die gut mit Laub, Gras, weichem Moos oder vielen Härchen ausgepolstert sind. Dort, wo viele Feld- oder Rötelmäuse leben, gibt es entsprechend viele Hummeln.

Bis zu zwei Wochen kann es dauern, bis eine Hummelkönigin die passende Behausung gefunden hat. Unmittelbar nach dem Einzug formt sie aus dem vorhandenen Nistmaterial eine Kugel, indem sie es zerkleinert, ineinander verflechtet und kämmt, zum Teil mit etwas Nektar vermischt oder mit Wachs imprägniert. Einige Arten schaffen zusätzlich Gras und anderes trockenes Material aus der unmittelbaren Umgebung herbei. In einem kleinen Hohlraum der gut isolierten Kugel formt die Nestgründerin mit ihren Beinen und Mandibeln fingerhutähnliche und etwa 1 cm große Zellen. Diese nach oben geöffneten Töpfchen bestehen aus Wachs, das anders als bei den Honigbienen nicht nur von den Hummelarbeiterinnen, sondern

Als «soziale Wohnungsbauer» haben Wühlmäuse wie diese Rötelmaus *(Myodes glareolus)* eine große Bedeutung für unterirdisch nistende Hummelarten.

Laufgänge und Löcher am Boden stammen von Kleinsäugern. Hier könnten unter anderem Erdhummeln einen passenden Nistplatz finden.

auch von den Königinnen über Drüsen zwischen den Bauchsegmenten «ausgeschwitzt» wird. In dem wenige Tage alten Hummelnest befinden sich zunächst nur zwei dicht beieinander liegende, wächserne Zellen: Eine Zelle, das sogenannte Honigtönnchen, dient zur Lagerung von Nektar, eine zweite Zelle wird als Brutkammer genutzt.

Das blaue Wunder erleben

Gewöhnliche Sternhyazinthe *(Chionodoxa luciliae)*, Strahlen-Anemone *(Anemone blanda)*, Blaustern (*Scilla* spp.) und Traubenhyazinthe (*Muscari* spp.) färben im Frühjahr die sonst eher grünen Rasenflächen vieler städtischer Grünanlagen leuchtend blau. Einige Hummelköniginnen sammeln unter anderem an den zierlichen Blausternblüten Nektar und Pollen. Dabei knicken die Blütenstängel unter der Last der Tiere kurzzeitig ein und schnellen wieder empor, sobald die schweren Brummer ihren Flug fortsetzen. Neben den Hummeln sind im blauen Blütenmeer weitere Frühjahrsbienen zu beobachten. Der feine Pollen der Blausterne ist sogar wie die Blüten selbst bläulich gefärbt. So können Sie in blühenden Blausternbeständen Honigbienen mit blauen Pollenhöschen oder Gehörnte Mauerbienen *(Osmia cornuta)* mit blau gepuderten Bauchbürsten auffinden.

Während Bienen den energiereichen Nektar unterschiedlichster Pflanzen als «Flugbenzin» nutzen, wird der eiweißreiche Pollen zum Aufbau von Körperzellen benötigt und ist vor allem für die Entwicklung der Bienenlarven von großer Bedeutung. Daher transportieren auch die Hummelköniginnen den Pollen von Blaustern und anderen Frühblühern in ihr Nest und deponieren diesen, vermischt mit etwas Nektar, in der wächsernen Brutkammer. Im Anschluss legen sie 16 Eier auf den eiweißreichen Futtervorrat und verschließen die Kammer mit einem dünnen Wachsdeckel. In den darauffolgenden Tagen bebrüten die Hummelköniginnen wie Vögel ihren Nachwuchs, indem sie auf der Brutzelle sitzen und durch Muskelzittern Wärme erzeugen. Die dafür benötigte Energie erhalten sie aus dem angelegten Nektarvorrat im Honigtönnchen.

Mit seinen Hinterbeinen streift das Weibchen einer Gehörnten Mauerbiene *(Osmia cornuta)* den feinen Blütenstaub in seine Bauchbürste.

Von oben betrachtet ähnelt die Gehörnte Mauerbiene *(Osmia cornuta)* mit der schwarz-roten Behaarung auf den ersten Blick einer Steinhummel.

Wenn sich eine Wiesenhummelkönigin *(Bombus pratorum)* an Pollen und Nektar gütlich tut, haben die zierlichen Frühblüher schwer zu tragen.

Auch bei Honigbienen ist der Blaustern als Pollenquelle beliebt. Bei dieser Arbeiterin sind die Höschen bereits prall gefüllt.

EXKURSIONSTIPP

Ort:

Schulhöfe, Kitagelände, öffentliche Grünanlagen und Spielplätze

Mögliche Bienenbeobachtungen:

Frühlings-Pelzbienen, Rostrote Mauerbienen, Fuchsrote Sandbienen, Rotschopfige Sandbienen und weitere Sandbienen

Geeignete Jahreszeit:

März, April

Wo Wildbienen sich tummeln

Innerhalb unserer Städte gibt es einige Orte, an denen sich im Frühjahr unterschiedliche Wildbienenarten tummeln. An sogenannten Rendezvousplätzen versammeln sich Wildbienenmännchen zu Hunderten, kreisen in schnellen Flügen über offenen Bodenstellen und Nahrungsflächen, entlang von Hecken und Mauern, um dort auf frisch geschlüpfte Weibchen zu treffen. Bereits begattete Weibchen kümmern sich unweit dieser Plätze im Alleingang und mit voller Hingabe um die Versorgung ihrer Brut. Sind die Bedingungen gut, bauen sogar Dutzende Solitärbienen einer oder mehrerer Arten ihre Nester dicht an dicht nebeneinander. Manch Unwissender ist von diesen Großaufkommen an Wildbienen zunächst etwas beunruhigt, erinnert der rege Flugverkehr doch an das An- und Abfluggeschehen vor einem Wespenstaat. Aber auch bei den in größerer Anzahl auftretenden Solitärbienenweibchen und -männchen handelt es sich um völlig friedfertige Tiere. Getrost können Sie diese bei ihrem Tun beobachten, zum Beispiel auf einer Expedition über Schulhöfe, öffentliche Grünanlagen und Spielplätze an einem sonnigen, besonders warmen und windarmen Frühjahrstag.

Pelzbienenmännchen auf Brautschau

Beim Großteil unserer heimischen Bienen schlüpfen die Männchen mehrere Tage vor ihren Artgenossinnen. Diese sogenannte Proterandrie ist besonders stark bei den Frühlings-Pelzbienen ausgeprägt. Bis zu drei Wochen erscheinen die männlichen vor den weiblichen Tieren.

In dieser Zeit entwickeln die Pelzbienenmännchen kurvenförmige, geschlossene Flugbahnen, die sie mit Duftstoffen markieren und immer wieder abfliegen. Dabei besitzt jedes Individuum seine eigene hochentwickelte Bahn, die über Wochen beibehalten und entlang der mit einer enormen Geschwindigkeit immer nur in eine Richtung patrouilliert wird: entweder mit oder gegen den Uhrzeigersinn. Die Flugbahnen der Pelzbienenmännchen führen sowohl durch größere als auch durch kleinere Bestände von Lerchensporn, Schlüsselblume, Lungenkraut oder Taubnessel.

An ebendiesen Orten ist die Wahrscheinlichkeit groß, dass die Tiere über kurz oder lang auf ein nektarsuchendes Weibchen treffen. Wenn Sie für eine Weile an einem Pelzbienenrendezvousplatz verweilen, flitzt mit Sicherheit der eine oder andere Patrouillenflieger vorbei. Doch benötigt man viel Übung, um die pelzigen Raser im Auge zu behalten, da sie ihre gesamte Energie in das Abfliegen der Rendezvousplätze und das Aufspüren von Weibchen stecken und selten an Ort und Stelle verharren. Nur wenn unbedingt nötig, landen sie für den Bruchteil einer Sekunde, um neue Energie in Form von Nektar zu tanken. Kaum hat man als Beobachtender eine Biene auf einer Lerchensporn- oder Lungenkrautblüte fokussiert, setzt sie ihren unermüdlichen Flug fort. Erblickt das Männchen beim Patrouillenfliegen ein Weibchen, stürzt es hastig auf dieses hinab und klammert sich daran fest. Oft fallen beide Tiere zu Boden, es folgt ein Gerangel, welches nicht immer mit einer Paarung endet, und nach kurzer Zeit setzt jedes Individuum seinen eigenen Flugweg wieder fort.

Unter den Baumreihen mancher Schlossparks blühen im Frühjahr Lerchensporn, Blaustern und Scharbockskraut.

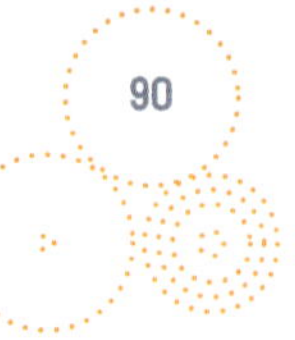

Hat man einmal das Glück, ein Pelzbienenmännchen bei einer Flugpause auf einer Pflanze ruhend zu beobachten, erkennt man seine charakteristischen Merkmale. Im Gegensatz zu seinen Artgenossinnen besitzt es ein helles Gesicht. Ebenso fallen die verlängerten Mittelbeine, die mit auffällig langen Haarfransen besetzt sind, auf. Sowohl die aus dem Lateinischen abgeleitete wissenschaftliche Bezeichnung *Anthophora plumipes* (pluma = Flaum, pes = Fuß) als auch der englische Name «Hairy-Footed Flower Bee» (hairy = behaart, haarig, footed = füßig) weisen auf das

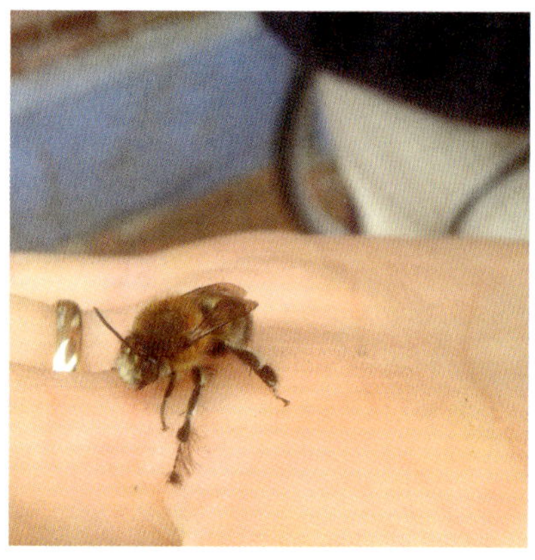

Die markanten Haarfransen an den ausgesprochen langen Mittelbeinen sind bei diesem Frühlings-Pelzbienenmännchen *(Anthophora plumipes)* gut zu erkennen.

Die Männchen der Rostroten Mauerbiene *(Osmia bicornis)* sind im Frühjahr ebenfalls auf Brautschau und stärken sich zwischendurch immer wieder mit Nektar vom Scharbockskraut *(Ficaria verna)*.

markante Merkmal der männlichen Frühlings-Pelzbienen hin. Die haarigen Mittelbeine besitzen bei der Paarung wahrscheinlich eine besondere Bedeutung, denn mit ihnen werden die hochempfindlichen Fühler der Weibchen berührt.

Neben den besonders flinken Pelzbienen können an den unterschiedlichsten Orten in der Stadt weitere Arten entdeckt werden. So flitzen hier und da männliche Mauerbienen umher, während einzelne Sandbienen verschiedene Frühblüher als Ansitzwarten auserkoren haben.

Dieses Sandbienenmännchen (*Andrena* sp.) wartet auf einer Blausternblüte auf arteigene Weibchen.

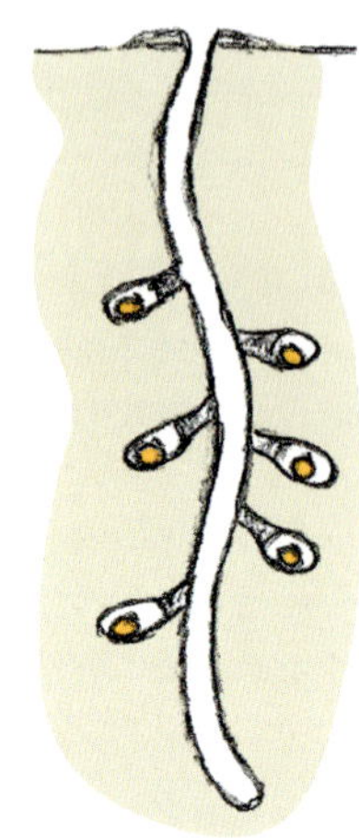

Diese Erdlöcher und Sandhäufchen im Rasen eines Schlossparks stammen von der Fuchsroten Sandbiene *(Andrena fulva)*.

Beim unterirdischen Nest der Fuchsroten Sandbiene *(Andrena fulva)* handelt es sich um einen Zweigbau. Vom Hauptgang zweigen kurze Seitengänge ab, die in den mit Pollen gefüllten Brutzellen münden.

Voller Hingabe – Bienenweibchen bei der Brutfürsorge

Wo Wildbienen nisten, bleibt wohl den meisten Bürgern der Stadt verborgen, doch hat man erst einmal gelernt, die Spuren der Tiere zu lesen, entdeckt man plötzlich an zahlreichen Ecken und Plätzen unterirdisch nistende Sand-, Schmal- und Furchenbienen. Unter den noch unbelaubten Bäumen ist die Suche nach Wildbienennestern im Frühjahr besonders Erfolg versprechend. Hier ist der grüne, kurz geschorene Parkrasen nur lückig ausgeprägt, und die Frühlingssonne kann die kahlen Bodenstellen etwas schneller erwärmen. Ein paar Dutzend wenige Zentimeter hohe und breite, kegelförmige Sandhäufchen zeugen unter anderem von den Grabaktivitäten der Fuchsroten Sandbiene *(Andrena fulva)*.

Gelegentlich haben die Tiere zu mehreren ihre Nester an einem Ort dicht beieinander angelegt. Jedes Sandhäufchen kann einem Bienenweibchen zugeordnet werden, welches sich alleine um Bau und Versorgung der eigenen Brutzellen kümmert. Nach und nach haben die einzelnen Tiere mit Mandibeln und Beinen Bodenmaterial aus dem Untergrund an die Oberfläche befördert. Ihre unterirdischen Nestbauten bestehen aus einem senkrechten, bis zu 55 cm tiefen Hauptgang, von dem kurze, waagerechte Seitengänge abzweigen. An ihrem Ende wird jeweils eine Brutzelle angelegt, deren glatte Innenwände mit einem hauchdünnen, membranähnlichen Drüsensekret ausgekleidet werden.

Sind die baulichen Vorbereitungen fertig, verlassen die Fuchsroten Sandbienen zum Pollensammeln ihre Nester, wobei einige zunächst nur ihre Fühler aus dem dunklen Erdloch strecken. Sie scheinen zu prüfen, ob Gefahr oder ungünstige Witterung drohen. Nähert man sich langsam (möglichst auf Zehenspitzen), kann man den Kopf der Tiere erkennen. Tritt man zu schnell heran, ziehen sich die Bienen blitzschnell in die Tiefe zurück und wagen sich erst nach einigen Minuten wieder empor. Das sichere Nest verlassen sie nur, wenn keine Bedrohung mehr vorliegt und Temperatur und Wetterlage passen.

Um Pollen zu sammeln, fliegen Fuchsrote Sandbienen unterschiedlichste Blütenpflanzen an. Auffallend häufig wird die Art jedoch auf Blüten von Stachel- und Johannisbeeren beobachtet. Entsprechend hoch ist auch ihre Bedeutung bei der Bestäubung dieser Sträucher. Immer wieder kann man die Bienenweibchen auch an Blausternblüten entdecken. Zum Teil hangeln sich die rot bepelzten Bienen von einer Blüte zur anderen und ernten den blauen Blütenstaub.

Mit gefüllten Pollenhöschen begibt sich jede Fuchsrote Sandbiene nach einer 15- bis 100-minütigen Nahrungssuche wieder auf den Rückflug zum Nest. Nach etwa acht bis zehn Sammelflügen hat sie ihre Brutzelle mit einem Pollenvorrat von 6 mm Durchmesser bestückt, auf den sie ihr Ei legt. Erst nachdem die Kinderstube mit einem Erdpfropfen verschlossen wurde, wird mit dem Bau einer neuen Zelle begonnen. Wie bei allen im Frühjahr aktiven, univoltinen Sandbienen entwickeln sich ihre Larven innerhalb der Brutzellen noch im selben Jahr zu geflügelten Imagines, überwintern als voll entwickelte Bienen und schlüpfen erst im Frühling des Folgejahres.

Dieses Weibchen der Fuchsroten Sandbiene *(Andrena fulva)* klettert von Blausternblüte zu Blausternblüte. Einige blaue Pollenkörner sind bereits in seinem Pelz hängen geblieben.

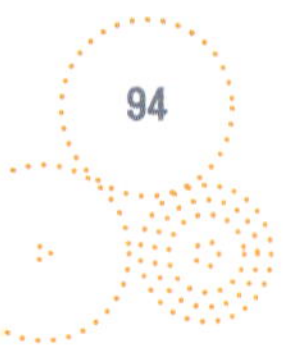

WAS HEIßT UNIVOLTIN?

Die Bezeichnung leitet sich ab aus dem Lateinischen *unus* (= ein) sowie *volvere* (= einen Zeitraum durchlaufen). Univoltine Bienenarten bilden in einem Jahr nur eine Generation aus. Im Gegensatz dazu stehen einige bivoltine Arten, bei denen zwei Generationen in einem Jahr auftreten.

Nester in Pflasterfugen und Blumenbeeten

Auf dem Weg durch Schlossgärten und Parkanlagen, über Spielplätze und Schulhöfe trifft man immer wieder auf umhersummende Bienenmännchen und -weibchen. Spuren von nestbauenden Wildbienen finden Sie gelegentlich auch auf gepflasterten Stadtplätzen. Meist haben winzige und unscheinbare Schmalbienen ihre Gänge zwischen den Pflastersteinen in die engen Fugen auf dem Schulhof oder in der Hofeinfahrt in die Tiefe gegraben. Die Aushübe und Nesteingänge sind deutlich kleiner als bei den größeren Sandbienen. Gelegentlich können Sie Hunderte dieser kleinen Sandhäufchen zu Ihren Füßen finden.

In manchen Beeten und Rabatten am Rande von Sträuchern und Hecken legen unter anderem Rotschopfige Sandbienen *(Andrena haemorrhoa)* ihre Nester an. Diese Art nistet meist einzeln oder in kleineren Aggregationen. Mit etwas Übung sind die Weibchen relativ einfach zu bestimmen: Ihr schwarzer Hinterleib ist fast kahl, Brustoberseite und Hinterleibsspitze sind dicht leuchtend orange, Brustseiten und Gesicht hingegen weißlich behaart. Wie ihre fuchsroten Verwandten sind sie ebenfalls nur im Frühjahr aktiv und in der Stadt häufig anzutreffen. Vielleicht entdecken Sie ja ein Weibchen bei der Nahrungssuche auf Obstgehölzen oder auf den leuchtend gelb blühenden Mahonien *(Mahonia aquifolium)*, die vor allem in Städten als Ziergehölz gepflanzt werden.

Die Sandhäufchen in der Pflasterung stammen von den Nestbauaktivitäten der Schmal- und Sandbienen.

Dieses Weibchen der Rotschopfigen Sandbiene *(Andrena haemorrhoa)* sammelt Pollen auf einer Gewöhnlichen Mahonie *(Mahonia aquifolium)* am Straßenrand.

Wie Sandbienen zueinander finden

Bleibt man eine Weile vor einem Mahonienstrauch oder einer gut besonnten Hecke stehen, fallen immer wieder vorbeifliegende Bienen auf. Es sind unter anderem die Männchen der Rotschopfigen Sandbiene. Sie setzen Drüsensekrete auf ausgewählten Landmarken wie Hecken, Sträuchern oder kleineren Bäumen ab, um hiermit frisch geschlüpfte Weibchen anzulocken. Ständig fliegen sie zwischen den Duftmarken hin und her. Dabei entwickeln sie Flugbahnen, die meist in einer Höhe von 0,5 m bis 2,5 m liegen und sich mit denen anderer Männchen überkreuzen.

Die Männchen der Fuchsroten Sandbiene *(Andrena fulva)* verfolgen unterschiedliche Strategien, um auf ein frisch geschlüpftes Weibchen zu treffen: Sie patrouillieren entlang von Nahrungsflächen wie blühenden Sträuchern oder fliegen in engen Kurven dicht über Bodenstellen, an denen sich meist auch Nistplätze befinden. Dort werden bestimmte Landmarken mit einem Drüsensekret parfümiert, welches arteigene Weibchen und Männchen anlockt. So können sich an warmen und sonnigen Tagen unzählige Sandbienenmännchen zum Beispiel auf windgeschützten Spielplätzen zwischen den Häuserschluchten der Stadt versammeln.

Auch wenn noch kaum ein Weibchen auszumachen ist, tummeln sich an diesen eigenartigen Rendezvousplätzen Hunderte Männchen und fliegen im Zickzackparcours dicht über die Sandflächen, entlang der Spielgeräte und umliegender Gebüsche. Das artspezifische «Parfüm», mit dem eifrig markiert wird, stammt aus den Mandibeldrüsen der Tiere und besteht unter anderem aus Citral. Hierbei handelt es sich um einen nach Zitrone duftenden Stoff, den selbst wir mit unserer Nase wahrnehmen können. Einige Wildbienenkundler beschrieben sogar, dass die von Sandbienenmännchen parfümierten Orte für Menschen teils mehrere Meter weit wahrnehmbar sind. Jede Bienenart sondert ihr eigenes, artspezifisches Parfüm ab. Dementsprechend riechen die jeweils markierten Stellen mehr oder weniger intensiv nach Zitrone, Rose oder anderen Düften. Sehr oft ist Citral auch Bestandteil von unseren Parfüms, Shampoos, Handcremes oder Deozerstäubern.

Das Wildbienenspektakel auf den Spielplätzen ist allerdings nur von kurzer Dauer. Sobald die Temperaturen sinken oder dichte Wolken den Himmel verdecken, beenden die Männchen ihre Flugaktivität. Zudem wird der rege Flugverkehr aufgrund der begrenzten Lebenszeit der Tiere bereits innerhalb weniger Wochen versiegen und selbst ein gut besuchter Rendezvousplatz verlassen sein.

Bei Sonnenschein sind die Männchen der Fuchsrote Sandbiene *(Andrena fulva)* besonders aktiv. Ist der Himmel kurz bedeckt, ruhen sie auf den Spielgeräte Sträuchern und Sandflächen.

BEOBACHTUNGEN UND GEDANKEN ZUM VERHALTEN VON BIENENMÄNNCHEN

«Was treiben die Männchen? Dem Vorurteil, dass bei den Weibchen die Tugend, bei den Männchen die Untugend wohne, werden die Hautflügler-Männchen völlig gerecht: Während die Weibchen in aufopfernder Treue den Nachwuchs versorgen, strolchen die Männchen an sonnigen Plätzen herum und tun nichts Gescheites, außer dass sie oft Weibchen belästigen. Ihr ganzes Sinnen und Trachten ist auf das Begatten gerichtet. Ab und zu gehen sie eins trinken. Und manchmal versuchen sie, Konkurrenten zu vertreiben.»
«… Biologie [ist] eine Vergleichswissenschaft. Für uns männliche Beobachter war es nicht zu vermeiden, dass wir in den Bienen[…]männchen auch irgendwie unsere Kollegen sahen, und manchmal stellten wir überrascht fest: ‹auch die …!›»

Peisl (1999)

Spezialisten im Weidenstrauch

EXKURSIONSTIPP

Ort:
Gewässerränder und sandige Flächen mit blühenden Weidengehölzen

Mögliche Bienenbeobachtungen:
Weiden-Sandbienen, Rotbauch-Sandbienen, Rotbeinige Lockensandbienen

Geeignete Jahreszeit:
Ende März bis Anfang Mai

Jahr für Jahr kündigen die blühenden Weidenkätzchen den Frühling an und bieten zugleich sowohl den Generalisten als auch den Spezialisten unter der Bienenfauna reichlich Nahrung. Insbesondere in den Stadtrandbereichen wachsen entlang von Flüssen, Bächen, Kanälen, Seen, Teichen und Regenrückhaltebecken unterschiedliche Weiden, sodass man es bei einem Spaziergang entlang der Ufer im April in den Sträuchern und Bäumen bisweilen summen hören kann. Es sind die verschiedensten Bienenarten, die diese Geräusche bei der Nahrungssuche an den blühenden Weidenkätzchen verursachen, darunter zum Beispiel die Große Weiden-Sandbiene *(Andrena vaga)*. Wie der Name bereits andeutet, ist sie auf den Pollen der Weidenblüten angewiesen und kann mancherorts in großer Zahl bei Nahrungssuche und Nestbau aus nächster Nähe beobachtet werden.

An den Weidenbäumen und -sträuchern blühen die flauschigen Kätzchen noch vor dem Laubaustrieb auf.

Charakterarten natürlicher Flussauen

Halten Sie einmal in der unmittelbaren Nähe zu den Gewässern auf den Hochwasserdämmen oder auf sandigen Standorten mit Grill-, Bolz- oder Spielplätzen Ausschau. Die Rasenflächen dieser Orte sind durch regelmäßiges Betreten und Bespielen sowie einige Maulwurfsaktivitäten oft nur schütter bewachsen.

Besonders zugute kommt dies einer Frühjahrsbiene, nämlich der Großen Weiden-Sandbiene *(Andrena vaga)*, die in dem sandigen Boden geeignete Brutplätze findet. Die 1,5 cm großen Weibchen können kaum mit anderen Bienenarten verwechselt werden. Ihre Brust ist einheitlich grau bepelzt, während der fast kahle Hinterleib tiefschwarz glänzt. Auf den ersten Blick heben sich die grauen Bienen und ihre Sandhäufchen kaum vom grauen Untergrund ab. Doch tritt man näher an die Nistfläche heran, wird die Fülle deutlich: Oftmals haben Hunderte Bienen ihre Nester dicht an dicht gebaut und verschwinden hier und da unter die Erde. Mitte April schwirren vereinzelt noch Männchen herum. Sie sind zwar ähnlich bepelzt wie die Weibchen, aber wesentlich kleiner und schmaler, zudem ist ihre Gesichtsunterhälfte bartähnlich weiß, dicht und lang behaart. Ihre Hauptflugzeit ist bereits beendet und ihre Chance, auf ein unbefruchtetes Weibchen zu treffen, verschwindend gering. Dennoch stürzen sie sich auf anwesende Weibchen, die die Paarungsversuche deutlich abwehren. Mit der Brutpflege haben die Bienenweibchen schon vor einiger Zeit begonnen.

Die schütter bewachsene und gut besonnte Rasenfläche eines Spielplatzes am Stadtrand ist Nistplatz Hunderter Weiden-Sandbienen *(Andrena vaga)*. Ein Weibchen verschwindet hier unter die Erde.

Immer wieder versuchen einzelne Männchen, sich mit den Weibchen zu verpaaren, die sich vehement gegen den Überfall wehren.

Zwischen all den Weiden-Sandbienen, Sandhäufchen und Grashalmen fallen die Rotbauch-Sandbienen *(Andrena ventralis)* kaum auf.

Mit mit gelben Pollen bestückten Höschen kommen sie aus verschiedenen Himmelsrichtungen angeflogen und gehen in den Landeanflug über. Sind sie gelandet, kriechen sie nur kurz suchend auf dem Boden umher und verschwinden in einem der vielen Sandhäufchen. Der senkrechte Hauptgang ihres Nestes reicht bis zu 60 cm in die Tiefe, an ihn schließen mehrere waagerechte Seitengänge an, die in den 9 × 17 mm großen Brutzellen enden. Verlässt ein Weibchen für eine weitere Pollensuche sein Nest, verschließt es den Eingang und markiert ihn mit einem individuellen Duftstoff. Auf diese Weise findet es sein eigenes Sandhäufchen selbst unter Tausenden dicht an dicht liegenden Nistplätzen wieder.

Zwischen den Großen Weiden-Sandbienen nisten gelegentlich auch weitere Weidenspezialisten wie die Rotbauch-Sandbienen *(Andrena ventralis)*. Jedoch sind die 9 mm kleinen Bienen für unerfahrene Bienenbeobachter schnell zu übersehen. Anhand ihrer rötlich aufgehellten Hinterleibsunterseite sind die weiblichen Bienen zwar bestimmbar, doch treten sie an ihrem Nistplatz im Gegensatz zur Weiden-Sandbiene meist mit nur ein paar Dutzend Individuen auf.

Sowohl Rotbauch- als auch Weiden-Sandbiene sind angesichts ihrer Ansprüche an Nistplatz und Nahrung ausgesprochene Charakterarten natürlicher, sandgeprägter Flussauen. Diese Lebensräume sind meist gekennzeichnet durch eine hohe Dynamik, zahlreiche Uferabbrüche, Sandbänke und sonstige, spärlich bewachsene Sandflächen sowie Weichholzauen mit Silber-, Bruch-, Korb-, Mandel- und Purpurweiden *(Salix alba, S. fragilis, S. viminalis, S. triandra, S. purpurea)*. Die wissenschaftliche Bezeichnung der Weiden-Sandbiene *(Andrena vaga)* wird aus dem lateinischen *vaga* (= umherschweifend, umherziehend) abgeleitet und weist darauf hin, dass diese Bienenart in der Lage ist, schnell neu entstandene Niststandorte zu besiedeln – eine Eigenschaft, die in dynamischen Landschaften von großer Bedeutung ist. Durch Begradigung und Eindeichung mäandrierender Flüsse sowie die Rodung der Weiden oder Umwandlung der Auen in monotone Wirtschaftsflächen wurden die ursprünglichen Lebensräume der auentypischen Bienen weitestgehend zerstört. Auch wenn Weiden- und Rotbauch-Sandbienen auf gewässernahen Spiel- und Bolzplätzen, auf Hochwasserdämmen oder außerhalb der Städte in Sand- und Kiesgruben passende Ersatzlebensräume finden, besitzt die Renaturierung unserer Fließgewässer dennoch eine große Bedeutung für den Erhalt vieler teils gefährdeter, auentypischer Tier- und Pflanzenarten.

Blutbienen sind immer wieder als typische Brutschmarotzer an den Nistplätzen solitärer Bienen zu beobachten.

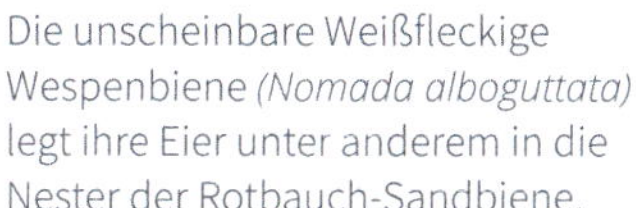

Die unscheinbare Weißfleckige Wespenbiene *(Nomada alboguttata)* legt ihre Eier unter anderem in die Nester der Rotbauch-Sandbiene.

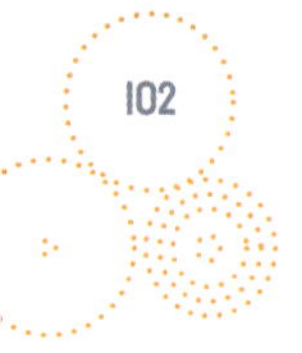

Das täuschende Parfüm der Wespenbienen

Mit etwas Glück bekommt man an einem Sandbienennistplatz einige Kuckucksbienen zu Gesicht. Achten Sie auf kaum behaarte, schmale Bienen mit rotem oder schwarz-gelb gestreiftem Hinterleib, die in auffälligen Pendelbewegungen dicht über den Boden fliegen. Blut- und Wespenbienen sind aufgrund ihrer charakteristischen Flugweise und Färbung leicht zu erkennen. Allerdings können die meisten Arten dieser Gattungen im Freiland selbst von Experten nicht sicher bestimmt und benannt werden. Durch Nachbestimmungen einzelner Tiere im Labor mittels Binokular kann man an solchen Orten gelegentlich die Rothaarige sowie die Weißfleckige Wespenbiene *(Nomada lathburiana, N. alboguttata)* nachweisen. Während Erstere ihre Eier in die Brutzellen der Weiden-Sandbienen legt, parasitiert Letztere wahrscheinlich die Rotbauch-Sandbienen.

Um das entsprechende Wirtsnest ausfindig zu machen, fliegen die Wespenbienenweibchen lange und oft über potenzielle Niststandorte. Die Suche erfolgt optisch und olfaktorisch. Die Tiere werden also auch durch den artspezifischen Duft ihrer Wirte angelockt. Sobald ein Nistplatz aufgespürt ist, merken sich die Wespenbienen den Ort und besuchen ihn immer wieder. Ist die Nesteigentümerin anwesend, verharren sie reglos an einem Beobachtungsposten unweit des Nesteingangs. Erst nach Abflug der Wirtsbiene geben sie ihre Lauerstellung auf und inspizieren den potenziellen Eiablageplatz. Um in das unterirdische Nest der Weiden-Sandbiene zu gelangen, graben die Rothaarigen Wespenbienen den zugeschütteten Eingang sogar auf. Bei einem Aufeinandertreffen von Wirt und Eindringling am oder im Nest scheinen sich beide Tiere völlig friedfertig zu begegnen. Grund hierfür ist möglicherweise eine geruchliche Tarnung der weiblichen Wespenbiene: Es wird angenommen, dass sie einen ähnlichen Duft absondert wie ihre jeweiligen Wirtsbienen.

Das Summen im Weidenstrauch

Wachsen entlang der städtischen Gewässer verschiedene Weidenbäume und -sträucher, deren Kätzchen zu unterschiedlichen Zeiten im Frühjahr aufblühen, wird den Bienen und anderen Insekten von März bis Mai ein reich gedeckter Tisch geboten. Die Vielfalt an Weiden ist von besonders großer Bedeutung, wenn aufgrund starker Regenfälle und niedriger Temperaturen spezialisierte Bienen nicht fliegen können. So fällt in dieser Zeit möglicherweise eine Weidenart als Pollenquelle aus, doch können die Tiere dann auf andere, spätblühende Weidenarten zurückgreifen.

Diese graugrünen, eher unscheinbaren Weidenkätzchen gehören zu einer weiblichen Weide.

Unmittelbar nach dem Aufblühen leuchten die männlichen Weidenkätzchen in einem auffälligen Gelb.

Beim Besuch der männlichen Weidenkätzchen werden die Weiden-Sandbienen *(Andrena vaga)* oft besonders stark mit Pollen eingepudert.

Dieses Weibchen der Weiden-Sandbiene *(Andrena vaga)* kehrt nach erfolgreicher Pollenernte zum verborgenen Nesteingang zurück.

BLÜTEZEITEN AUSGEWÄHLTER HEIMISCHER WEIDEN

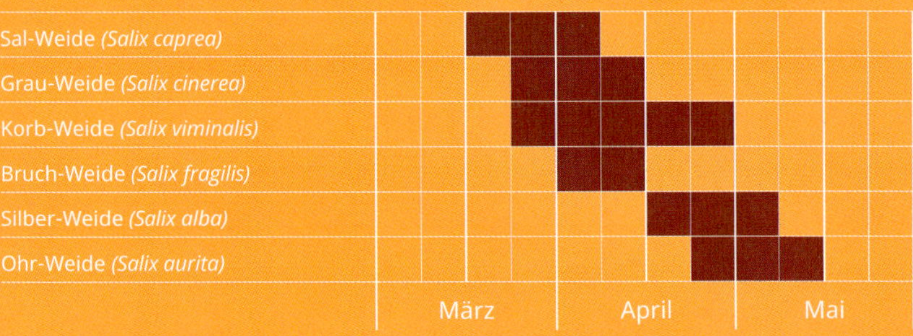

Das Gros der mitteleuropäischen Weidenarten ist zweihäusig, das heißt, ein Baum oder Strauch bildet entweder weibliche oder männliche Blüten aus. Die charakteristischen, ährenartigen Blütenstände – die vor dem Aufblühen allesamt grau und flauschig erscheinenden Kätzchen – bestehen aus unzähligen Einzelblüten.

Je nach Art sind die Blütenstände eher klein oder groß, eiförmig, zylindrisch oder länglich. Nach dem Erblühen lassen sich die weiblichen und männlichen Weiden meist gut unterscheiden. Unscheinbar graugrün blühen die weiblichen Kätzchen, an deren Einzelblüten man Fruchtknoten und Stempel gut mit der Lupe erkennen kann. Wesentlich auffälliger und meist leuchtend gelb oder rot erblühen die männlichen Blüten. Beim näheren Betrachten fallen sofort die einzelnen lang gestielten Staubgefäße auf, welche den feinen Blütenstaub beinhalten. Eiweißreichen Pollen bekommen Bienen folglich nur an den männlichen Blüten, während der energiereiche Nektar von beiden Blütengeschlechtern dargeboten wird. Des Öfteren kann man in der Nähe von aufgeblühten Sträuchern und Bäumen einen leichten Honigduft wahrnehmen. Dieser lockt an sonnigen Tagen Tausende Honigbienen und Hummeln, Sand- und Seidenbienen an. Ihr emsiges Summen und Brummen ist dann deutlich zu hören. Honigbienenarbeiterinnen fliegen mit dicken Pollenklümpchen schwer beladen umher, und auch Weiden-Sandbienen sind bei der Pollenernte zu

In manchen Jahren finden Sie in Schilfbeständen am Rande städtischer Gewässer Gallen der Schilfgallenfliege *(Lipara lucens).*

beobachten. Mit ihren Mandibeln beißen sie die Staubbeutel auf, um an den feinen Blütenstaub zu gelangen. Ist eine grau behaarte Sandbiene an einem männlichen Weidenkätzchen zugange, rieselt hier und da auch einmal Pollen zu Boden, und das Tier selbst wird von Fühler- bis Hinterleibsspitze dicht eingepudert. Sorgfältig wird der gelbe Pollen aus dem Pelz gekämmt und in den Schienenbürsten der Hinterbeine sowie in Körbchen am hinteren Brustabschnitt gelagert. Sind die männlichen Kätzchen abgeerntet, fallen sie zu Boden, die weiblichen befruchteten Blüten hingegen strecken sich in die Länge und bilden innerhalb weniger Wochen flaumige, lang und weiß behaarte Samen aus. So werden beispielsweise bereits ab Mai die reifen Samen der Sal-Weide durch den Wind über mehrere Kilometer weit verbreitet.

Vielfalt an Gewässern der Stadtperipherie

Neben der Großen Weiden-Sandbiene und der Rotbauch-Sandbiene können in einigen Regionen weitere, größtenteils streng spezialisierte Wildbienenarten auf den blühenden Weiden beobachtet werden, darunter die Rotbeinige Lockensandbiene

Diese Steinhummelkönigin *(Bombus lapidarius)* stärkt sich mit dem Nektar der weiblichen Weidenkätzchen.

Nicht nur Bienen sind bei der Pollenernte zu beobachten. Gelegentlich ernähren sich auch Meisen wie diese Blaumeise *(Cyanistes caeruleus)* vom eiweißreichen Blütenstaub.

(Andrena clarkella), die Frühe Lockensandbiene *(Andrena praecox)* sowie die Frühlings-Seidenbiene *(Colletes cunicularius)*. Vor allem die bis zu 15 mm große Rotbeinige Lockensandbiene fällt dem aufmerksamen Weidenblüten-Betrachter sofort ins Auge. Sowohl ihre Brustoberseite als auch ihre Hinterbeine sind kräftig rot-gelb bepelzt und heben sich deutlich von der übrigen tiefschwarzen Behaarung ab. Diese Sandbienenart ist ausgesprochen waldaffin und nistet an kahlen bis schütter bewachsenen Bodenstellen lichter Wälder sowie an Waldinnen- oder -außenrändern. So findet die Biene in Stadtrandbereichen in strukturreichen Laubwäldern in unmittelbarer Nähe zu ihren Nahrungsquellen am Gewässer geeignete Nistplätze. Halten Sie bei einem Spaziergang einmal Ausschau, vielleicht können Sie die Spuren der unterirdisch nistenden Bienen am Wegesrand oder an einer Waldböschung ausfindig machen. Vielleicht können Sie auch weitere Strukturen entdecken, die den unterschiedlichsten Bienenarten als Nistplatz dienen können. Zu nennen sind beispielsweise vorjährige markhaltige oder hohle Pflanzenstängel diverser Stauden oder Landschilfbestände mit Zigarrengallen der Schilfgallenfliege *(Lipara lucens)* sowie große Mengen von stehendem oder liegendem Totholz.

Die Zwerge unter den Riesen

In Baumhöhlen, Wühlmausnestern oder verfilzten Grasbeständen haben sich verschiedene Hummelköniginnen zur Gründung ihres Volkes niedergelassen. Entsprechend regelmäßig kann man beobachten, wie sie sich an dem zuckersüßen Nektar der Weidenkätzchen gütlich tun.

Die stattliche Größe der Erd-, Stein- und Baumhummelköniginnen ist manchen Bürgern, die bereits einige Wildbienenexkursionen gemacht haben, bereits geläufig. Ab Ende April wird man an Weidenkätzchen und weiteren Blütenpflanzen jedoch auf wahre Hummel-Winzlinge aufmerksam, die sogenannten Zwergarbeiterinnen. Es sind die ersten Arbeiterinnen, die in den vergangenen drei Wochen allein von der Königin herangezogen wurden. Ihre Größe hängt unmittelbar mit der Nahrungsversorgung im Larvenstadium zusammen. Im Gegensatz zu den späteren Bruten entwickeln sich die ersten Larven aufgrund einer geringeren Versorgung längst nicht so kräftig, schließlich ist die Königin noch im Alleingang tätig. Nur acht Tage dauert das Larvenstadium, danach verpuppt sich der Hummelnachwuchs und wächst fortan nicht mehr. Etwa eine Woche später schlüpfen die winzigen Arbeiterinnen aus dem Kokon und übernehmen nach wenigen Tagen das Sammeln von Nektar und Pollen, die Pflege der Brut und das Bewachen des Staates. In der Regel fliegt die Königin ab diesem Zeitpunkt nicht mehr aus und kümmert sich in erster Linie nur noch um die Eiablage.

Dieses Foto zeigt nur einen Bruchteil des Schmal- und Sandbienennistplatzes auf dem Marktplatz vor einer Kirche im Stadtzentrum. Zu erkennen sind etwa zweihundert Nesteingänge der Bienen.

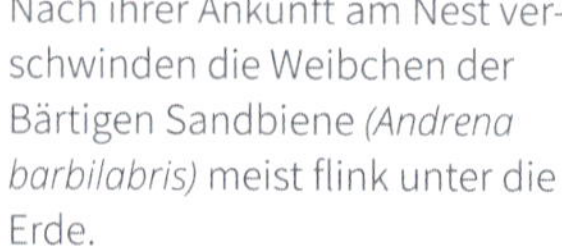

Nach ihrer Ankunft am Nest verschwinden die Weibchen der Bärtigen Sandbiene *(Andrena barbilabris)* meist flink unter die Erde.

Bewohner sandiger Pflasterfugen

EXKURSIONSTIPP

Ort:
gepflasterte Bürgersteige, Park- und Marktplätze, Plätze vor Kirchen, Hofeinfahrten

Mögliche Bienenbeobachtungen:
Bärtige Sandbienen, Sechsstreifige Schmalbienen, diverse Grabwespen

Geeignete Jahreszeit:
April bis Juli

Mit geschulten Blicken wird man bei Spaziergängen durch die Stadt vor allem auf alten gepflasterten, gut besonnten Bürgersteigen, Hofeinfahrten, Schulhöfen, Park- und Vorplätzen regelmäßig auf die charakteristischen Sandhäufchen der Wildbienen aufmerksam. Sind die sandigen Fugen breit genug, kann man zum Beispiel auf Marktplätzen auf eindrucksvolle Nistplatzansammlungen von solitär lebenden Wildbienen aufmerksam werden. Selbst dort, wo regelmäßig Wochenmärkte oder andere Veranstaltungen stattfinden, können zum Beispiel Bärtige Sandbienen *(Andrena barbilabris)* eine geeignete Brutstätte finden. Die sandigen Anhäufungen ihrer Bauarbeiten sind im April und Mai selbst für Laien nicht zu übersehen. Dann können Tausende Bienen beim Ausschachten ihrer unterirdischen Nestbauten oder beim Eintragen von Pollen beobachtet werden. Den namensgebenden «Bart» tragen allerdings nur die männlichen Bienen, deren Gesichtsunterhälfte dicht behaart ist.

Ein auffälliges Merkmal bei den Männchen der Bärtigen Sandbiene *(Andrena barbilabris)* ist die weißliche Behaarung der unteren Gesichtshälfte. Doch auch weitere Bienenarten weisen einen solchen Bart auf.

Die 12 mm großen, bräunlich behaarten Weibchen können nur in den breiteren Fugen ihre bis zu 25 cm tiefen Gänge graben. Andere Bienenarten, wie die 7 mm kleine Sechsstreifige Schmalbiene *(Lasioglossum sexstrigatum)*, können hingegen auch engere Fugen besiedeln. Messen Sie einmal mit einem Lineal oder Maßband die Fugenbreite, in denen jeweils Nesteingänge von Schmal- und Sandbienen zu finden sind. Untersuchungen in Oldenburg zeigten, dass Sechsstreifige Schmalbienen Fugen ab einer Breite von 2,7 mm besiedelten und Nester der Bärtigen Sandbienen *(Andrena barbilabris)* erst ab einer Mindestfugenbreite von 4,5 mm anzutreffen waren. Je breiter sandige Pflasterfugen also angelegt sind, desto größere Bienenarten können diese zum Anlegen ihrer unterirdischen Nester nutzen. Die 15 mm großen Dunkelfransigen Hosenbienen *(Dasypoda hirtipes)* können ihre Gänge sogar nur dort in den Boden graben, wo der Spalt in der Pflasterung mindestens 7 mm breit ist.

Spuren lesen und Sandhäufchen deuten

Nicht nur Bienen, sondern auch andere Hautflügler wie Ameisen oder Weg- und Grabwespen finden zwischen Pflastersteinen und Gehwegplatten eine Lebensstätte mit günstigem Mikroklima. Wohl den meisten Stadtbewohnern vertraut ist das Vorkommen von Ameisen in den Pflasterungen. Ihre charakteristischen Sandanhäufungen können mit etwas Übung gut von frischen Wildbienenspuren unterschieden werden. Der Nestzugang ist oft schmal und länglich, und manchmal führen charakteristische Ameisenstraßen zum Nest beziehungsweise vom Nest weg. Die Nestbewohner transportieren mit ihren Mundwerkzeugen einzelne Sandklümpchen an die Bodenoberfläche und deponieren diese zum Teil weit vom Nesteingang entfernt. Wurde der Sand also nicht kreisförmig im engen Radius, sondern weit und unregelmäßig um den Nesteingang verteilt, waren die Verursacher wahrscheinlich Ameisen. Von Frühjahr bis Herbst kann man auf den Bürgersteigen relativ häufig solche Spuren unter anderem von der Schwarzen Wegameise *(Lasius niger)* entdecken. Findet man jedoch frische, gleichmäßig aufgeschüttete Sandhäufchen, die vielmehr kleinen Maulwurfshügeln ähneln und einen kreisrunden Eingang besitzen, waren vermutlich Wildbienen oder Grabwespen die Verursacher. Auf Grabwespennester trifft man allerdings erst mit Beginn der Flugzeit im späten Frühling.

Die Sandhäufchen auf einem alten Bürgersteig stammen von Bärtigen Sandbienen *(Andrena barbilabris)*, die insbesondere im Frühjahr zu beobachten sind. Im Sommer nisten hier zudem unterschiedliche Grabwespen.

Mit einer Fliege in den Fängen kehrt diese Grabwespe zu ihrem Nistplatz zurück. Ihr Hinterleib ist im Flug charakteristisch schräg nach oben gerichtet.

Von Sammlern und Jägern

Ab Mitte Mai kann man an dem einen oder anderen potenziellen Wildbienennistplatz mit etwa 4,8 mm Fugenbreite durchaus auch Nesteingänge einer solitären Grabwespenart *(Crabro peltarius)* ausfindig machen. Die Eingänge von Wildbienen und Grabwespen lassen sich kaum voneinander unterscheiden. Während sich die Zugänge zum Nest bei den Wildbienen in der Regel mittig des Sandhäufchens befinden, können sie bei der Grabwespenart auch am Rande liegen. Nach dem ersten Regenschauer sind solche Strukturen meist jedoch nicht mehr zu erkennen.

Eindeutig identifizieren lässt sich die jeweilige Nesteigentümerin nur mit sehr viel Geduld, indem man lange genug wartet und schließlich das ein- oder ausfliegende Tier zu Gesicht bekommt. Es mag einige Zeit dauern, bis die schwarz-gelb gestreiften Grabwespenweibchen mit einer Fliege unter dem Körper von der Jagd zurückkehren. Im Gegensatz zu den Wildbienen, die zur Verproviantierung reichlich Pollen sammeln, versorgen alle Grabwespenarten ihre Brut mit tierischem Eiweiß. Die oben genannte Grabwespenart schafft vorwiegend gelähmte Fliegen heran, die sie in der näheren Umgebung unter anderem auf Bäumen oder in Büschen erbeutet hat. Ihre unterirdischen Nestbauten bestehen wie bei den Sandbienen aus einem Hauptgang und kürzeren Seitengängen, die in einzelnen Brutzellen enden.

Geschickte Bienenjäger

Wenige Wochen später kann man in den Städten auf weitere Grabwespenarten stoßen, welche sich bezüglich ihrer Nahrungswahl besonders spezialisiert haben, unter anderem nämlich auf die Bienenjagenden Knotenwespen *(Cerceris rybyensis)*. Charakteristisch sind ihre knotig erscheinenden Hinterleibssegmente, die sehr variabel gelb und schwarz gefärbt sind. Auf dem dritten Segment ist häufig ein schwarzes Dreieck zu erkennen. Zur Verproviantierung ihrer Brutzellen trägt diese Knotenwespenart ausschließlich Wildbienen ein, darunter kleinere Sand-, Schmal-, Furchen- und Maskenbienen. An manchen Orten nistet die Bienenjagende Knotenwespe unmittelbar neben dem Brutplatz ihrer Beutetiere, zum Beispiel der Sechsstreifigen Schmalbienen. Entsprechend bequem kommt sie an ihre Larvennahrung. In gesunden Bienenpopulationen werden die geschickten Bienenjäger jedoch kaum einen spürbaren Schaden anrichten können. Und auch die Knotenwespen haben Gegenspieler, zum Beispiel die parasitisch lebende Sand-Goldwespe *(Hedychrum nobile)*.

Mit etwas Glück kann man in sandigen Pflasterfugen sogar auf Bienenwölfe *(Philanthus triangulum)* aufmerksam werden. Hierbei handelt es sich um eine Grabwespenart, die sich unter den Imkern nicht besonderer Beliebtheit erfreut, denn sie hat sich bei der Beutewahl ausschließlich auf Honigbienen spezialisiert. Der

Kurzzeitig platzierten wir Rollrand-Schnappdeckelgläser über den Nesteingängen, um herauszufinden, von welchem Tier diese stammen. Hier wurde eine Knotenwespe nachgewiesen.

Bienenwolf kommt heutzutage jedoch nirgendwo in so großer Anzahl vor, dass sich Verluste in einem Honigbienenvolk mit Zehntausenden Arbeiterinnen bemerkbar machen. Es gibt folglich keinen Grund, diese interessanten Geschöpfe als mögliche «Schädlinge» zu deklarieren. Seiner Beute stellt der Bienenwolf nicht direkt am Bienenstock nach, sondern lauert ihr ausschließlich beim Blütenbesuch auf. Die Honigbienenarbeiterinnen werden am Geruch erkannt und blitzschnell attackiert. Der Angreifer überwältigt die etwa gleich große Biene mit einem Stich und trägt sie mit allen sechs Beinen umklammert zum Nest. Nur kurze Zeit verharren die schwer beladenen Räuber mit ihrer Beute im Schwirrflug vor dem Nesteingang und verschwinden dann recht schnell unter die Erde. Ihre Gänge können bis zu 1,50 m tief in den Untergrund reichen. Mehrere Honigbienen werden hier in den einzelnen Brutzellen eingelagert. Männliche Larven erhalten ein bis zwei Beutetiere, während weibliche Larven drei bis sieben Beutetiere für ihre Entwicklung benötigen.

Ob Bienen jagende Grabwespen oder Pollen sammelnde Wildbienen: Sie alle beeindrucken, indem sie an sonst sehr kargen Orten zwischen Pflastersteinen und Gehwegplatten einen passenden Ersatznistplatz finden. Ihre ursprünglichen Lebensräume wie Sanddünen, Sandmagerrasen oder Heiden fehlen in Siedlungsgebieten meist. Doch auch die neu eroberten Nistplätze gehen den Fugenbewohnern mehr und mehr verloren: Unebene, alte Pflasterungen werden ausgebessert, neue Pflastersteine akkurat und beinahe lückenlos verlegt, Fugen mit speziellem Mörtel gefüllt oder bestimmte Verkehrswege und Plätze komplett asphaltiert.

In den sandigen Pflasterfugen dieses Bürgersteigs nisteten wenige Wochen zuvor noch etliche Schmalbienen.

Durch Ausbesserungsarbeiten wurden die unterirdischen Wildbienennistplätze gänzlich zerstört.

Das Summen auf historischen Friedhöfen

EXKURSIONSTIPP

Ort:
historische, parkartige Friedhöfe

Mögliche Bienenbeobachtungen:
Grünglanz-, Breitkopf- und Dunkelgrüne Schmalbienen

Geeignete Jahreszeit:
Ende April bis Juli

In vielen Städten sind alte, parkartige Friedhöfe mit ihren historischen Mauern, Grabstätten und Gebäuden, alten Baumbeständen sowie vorwiegend extensiv gepflegten Grünflächen für unterschiedliche Tier- und Pflanzenarten von großer Bedeutung. Frühblüher wie Blaustern, Schneeglöckchen und Schlüsselblume haben sich oft mit den Jahren außerhalb der Grabbepflanzung verbreitet und bringen im Frühjahr die Freiflächen zum Blühen.

Das Bild vieler historischer Friedhöfe prägen vor allem immergrüne Nadelgehölze wie Lebensbäume, Scheinzypressen, Kiefern und Fichten. Diese sind zwar weniger attraktiv für Bienen, doch bieten die alten Riesen unter anderem nadelholzgebundenen Vogelarten wie Haubenmeise und Wintergoldhähnchen Nist- und Nahrungsstätten. Aber auch Spitz- und Bergahorn *(Acer platanoides, A. pseudoplatanus)*, Sommer- und Winterlinde *(Tilia platyphyllos, T. cordata)* sowie Rosskastanie *(Aesculus hippocastanum)* säumen die Hauptwege mancher Friedhöfe und bringen den Bienen zu ihrer Blütezeit reichlich Nahrung.

Zwischen den Grabsteinen eines historischen Friedhofs blühen im Frühjahr Schneeglöckchen.

Das Ampelsystem der Rosskastanie *(Aesculus hippocastanum)*: Ein gelbes Saftmal zeigt, dass hier noch Nektar zu holen ist. Orange und Rot weisen darauf hin, dass die Nektarquelle bereits versiegt ist.

Ein Ampelsystem für Blütenbesucher

Um auf ihr Nektarangebot aufmerksam zu machen und tierische Bestäuber anzulocken, entwickelten viele Blütenpflanzen im Laufe der Evolution attraktive, duftende und auffällig bunt gefärbte Blüten. Besondere Farbzeichnungen auf den Blütenkronblättern kennzeichnen den Weg unmittelbar zum verborgenen Blütensaft und geben den Bestäubern eine optimale Orientierungshilfe. Diese sogenannten Saftmale sind für uns Menschen nicht immer sichtbar, da sie neben Farben des für uns wahrnehmbaren Lichtspektrums auch UV-Licht reflektieren. Im Vergleich zum Menschen ist der Bereich des für Bienen sichtbaren Farbspektrums in Richtung des kurzwelligen UV-Lichts verschoben. So erkennen sie das für den Menschen unsichtbare Ultraviolett, können aber rote Farben nicht sehen.

Besonders faszinierend ist die blütenökologische Anpassung zwischen Blütenbesuchern und Blüten der Rosskastanie. Die Blütenkerzen des Baumes tragen viele Einzelblüten, die ab April oder Mai nacheinander aufblühen und Saftmale aufweisen, die auch für uns Menschen gut sichtbar sind. So sind auf den oberen Kronblättern einer Blüte direkt nach dem Erblühen gelbe Flecken zu erkennen. Hier finden Hummeln und Honigbienen reichlich Nektar und Pollen, sodass sie die jeweiligen Blüten besonders häufig anfliegen und zu ihrer Bestäubung beitragen. Bereits einen Tag nach dem Erblühen ist der Pollen abgesammelt und die Nektarproduktion in der Blüte eingestellt. Das Saftmal färbt sich nun von Gelb über Orange zu Rosarot um, und parallel ändert sich der Blütenduft. Mit Farb- und Duftwechsel wird den Bienen das Signal gegeben, dass sich ein weiterer Anflug nicht mehr lohnt. Schnell lernen Hummeln und Honigbienen und fliegen rote Blüten nicht mehr an. Auf diese Weise sparen sie nicht nur Energie, sondern können in kürzerer Zeit mehr unbefruchtete Blüten anfliegen und bestäuben. Dieses Ampelsystem bringt folglich deutliche Vorteile für Bienen und Rosskastanien. Kurz nach dem Verblühen fallen die Einzelblüten vom Blütenstand ab, so dass Sie unter den Rosskastanien vermehrt Blüten mit rosarotem Saftmal entdecken können.

Süße Hinterlassenschaft

Auch Linden locken zur Blütezeit im Juni mit ihrem süßlichen Duft zahlreiche Insekten an und bieten ihren Besuchern reichlich Nektar. Bei uns heimisch sind lediglich zwei Lindenarten, die Winterlinde und die Sommerlinde. Mit der Lupe lässt sich ein charakteristisches Bestimmungsmerkmal auf der Unterseite der herzförmigen Blätter beider Arten näher inspizieren. Während Winterlinden rotbraune Haarbüschelchen in den Achseln der Blattnerven tragen, ist bei den Sommerlinden eine weiße Behaarung zu erkennen. Hat es länger nicht geregnet, fällt auf der Oberseite vieler Blätter eine glänzende und klebrige Substanz auf: der Honigtau. Hierbei handelt es sich um zuckerhaltige Ausscheidungen der Lindenzierlaus *(Eucallipterus tiliae)*, die an der Blattunterseite sitzt und Pflanzensaft der Linde saugt. Wer mag, kann den süßen Honigtau einmal probieren. Auch bei Honigbienen ist er heiß begehrt: Ihre Arbeiterinnen sammeln die zuckerreiche Hinterlassenschaft und verarbeiten sie zu Honig. Während Lindenblütenhonig vorwiegend aus Nektar besteht, sind Hauptbestandteile des aromatischen Lindenhonigs Nektar und Honigtau. Für Wildbienen ist der Honigtau nicht von Bedeutung, sie sind ausschließlich am süßlich duftenden Nektar der Bäume interessiert.

Hummelsterben unter Linden

Neben den einheimischen Linden wurden in der Vergangenheit im Siedlungsraum vermehrt fremdländische Arten wie Silber- oder Krimlinden *(Tilia tomentosa, T. × euchlora)* gepflanzt. Diese Arten blühen wesentlich später als die heimischen und locken auffällig viele Bienen an. Im Sommer kann man unter den Exoten und vereinzelt auch unter Winterlinden zahlreiche geschwächte oder tote Hummeln auffinden. Die Ursachen für dieses dramatische Hummelsterben werden seit Jahrzehnten immer wieder untersucht und diskutiert. Die ursprüngliche Vermutung, dass der Blütensaft die für Bienen giftige Zuckerart Mannose enthält, konnte in den 1990er-Jahren widerlegt werden. Geschwächt unter Linden aufgefundene Hummeln wurden mit dem vermeintlich giftigen Silberlindennektar gefüttert. Nach kurzer Zeit erhielten sie ihre vollständige Vitalität zurück, und auch Hummeln, die über mehrere Tage mit dem gleichen Blütensaft gefüttert wurden, zeigten keinerlei Vergiftungserscheinungen. Aktuelle Studien belegen, dass Hummeln und Honigbienen bei der Nahrungssuche an den Bäumen verhungern. Frisch aufgeblühte Silberlinden bieten Hummeln und Honigbienen zunächst reichlich Nektar und locken durch ihren intensiven Duft immer mehr Individuen aus der Umgebung an. Durch die rege Sammeltätigkeit der unzähligen Blütenbesucher wird das ergiebige Nahrungsangebot allerdings schnell aufgebraucht. Um besonders viel Nektar aufnehmen zu können, verlassen die Hummelarbeiterinnen mit fast leerem Magen ihren Staat und ahnen nicht, dass die heiß begehrten Nektarquellen schon bald versiegt sind. Werden sie bei ihrem Flug nicht schnell fündig, verhungern sie. Nachdem sie vergebens unzählige leer getrunkene Lindenblüten angeflogen haben, fallen die eifrigen Brummer unter den immer noch so verlockend duftenden Linden zu Boden. Warum die Hummeln nicht von der versiegten Nahrungsquelle ablassen und auf Blüten anderer Pflanzen zurückgreifen, konnte bisher nicht eindeutig geklärt werden.

Wenn Sie eine erschöpfte und nicht mehr flugfähige Hummelarbeiterin gefunden haben, können Sie versuchen, das Tier mit einer Zuckerlösung aufzupäppeln. Hierfür sollte etwas Zucker in einem Teelöffel mit Wasser verrührt werden. Ist die Hummel nicht zu erschöpft, kann man beobachten, wie sie mit ihrem Rüssel das Zuckerwasser aufsaugt und nach einiger Zeit wieder gestärkt davonfliegt. Damit weniger Hummeln in Hungersnot geraten, sollte man in jedem Fall auf die Pflanzung nicht heimischer Linden im privaten und öffentlichen Raum verzichten. Fördern können Sie Hummeln und andere Blütenbesucher durch die Pflanzung verschiedener heimischer Blütengehölze und -stauden. Schaffen Sie über das ganze Jahr verteilt ein vielfältiges Nektar- und Pollenangebot im Garten, auf Terrasse oder Balkon.

Um auf alten und neuen Friedhöfen im Sommer einem Nahrungsengpass für unsere Blütenbesucher entgegenzuwirken, wurden auf zahlreichen Friedhöfen bereits erste blütenreiche Wildblumenwiesen und -säume angelegt, zum Beispiel auf dem Ohlsdorfer Friedhof in Hamburg, auf dem Stadtfriedhof Stöcken in Hannover und auf dem Hasefriedhof in Osnabrück.

Klein und unscheinbar – Bienen in Friedhofsmauern

Vor allem auf historischen parkartigen Friedhöfen finden einige Wildbienenarten neben Nahrung auch einen passenden Nistplatz, zum Beispiel in den zahlreichen Asthöhlen alter Gehölze sowie in von Käfern durchbohrten Stämmen abgestorbener Bäume.

Die geringe Bodenversiegelung bringt vor allem Vorteile für unterirdisch nistende Bienen. Auch das alte Mauerwerk, welches viele dieser ehrwürdigen Ruhestätten umgibt und unterteilt, beherbergt einige unscheinbare Wildbienenarten. So finden in porösen Fugen und feinen Rissen Grünglanz-, Breitkopf- und Dunkelgrüne Schmalbienen *(Lasioglossum nitidulum, L. laticeps, L. morio)* einen Ort für ihre Brut.

Besonders beeindruckend kann der Schmalbienenflugverkehr auf der sonnigen Südseite der historischen Friedhofsbegrenzungen sein, wenn dort mehrere Hundert Schmalbienen in porösen Fugen und schmalen Rissen nisten. Täglich passieren Bürger solche Orte, ohne den Bienen auch nur einen Augenblick lang ihre

Dieser abgestorbene Baumstamm auf einem Friedhof ist bereits von ersten Käferfraßgängen durchlöchert und wird von totholznistenden Bienen besiedelt.

Auf der sonnigen Südseite der Friedhofsmauer finden unter anderem Schmalbienen optimale Lebensbedingungen: Es gibt zahlreiche Risse und Nischen.

Wer genauer hinsieht, kann die feine Haarfurche an der Hinterleibsspitze der winzigen Schmalbienen erkennen.

Aufmerksamkeit zu schenken. Trotz einer enormen Anzahl werden die 6 mm kleinen Winzlinge im städtischen Alltagstrott schnell übersehen oder aufgrund ihrer schwarzen Färbung und spärlichen Behaarung wohl eher für geflügelte Ameisen gehalten. Nur wer genauer hinsieht und eine ruhende Biene sorgfältig betrachtet, kann die Pollenbürsten an ihren Hinterbeinen, die aufgehellten, durchscheinenden Enden ihrer Hinterleibstergite und die unbehaarte Längsrille auf ihrer Hinterleibsspitze erkennen. Eine solche charakteristische Haarfurche ist nicht nur bei den Weibchen der Schmalbienen, sondern auch bei den nah verwandten Furchenbienen, die ehemals zu einer Gattung zusammengefasst wurden, wiederzufinden. Dabei nisten Letztgenannte ausschließlich unter der Erde.

Vom zeitigen Frühjahr bis in den Sommer hinein können Sie die emsigen Schmalbienen beim An- und Abflug oder beim Sonnenbaden zwischen Mauerraute, Mauerpfeffer oder Zimbelkraut beobachten. Die Breitkopf-Schmalbiene ist wie zahlreiche Schmal- und Furchenbienen primitiv-eusozial. Die Weibchen gründen im Frühjahr meist einzeln (selten auch zu zweit) ein Nest und ziehen innerhalb einer

Saison zwei Bruten groß, eine im Frühjahr und eine weitere im Sommer. Aus der ersten Brut entwickeln sich einige männliche, vor allem aber weibliche Bienen, die als Arbeiterinnen die Versorgung und Pflege der Sommerbrut übernehmen. Anders als bei den Hummeln ist ein Größenunterschied zwischen Arbeiterinnen und Königin dieser Schmalbienenart kaum festzustellen. Im Sommer werden vorwiegend Männchen und einige fortpflanzungsfähige Weibchen herangezogen. Wie bei den Hummeln überwintern lediglich die verpaarten Jungköniginnen. Damit auch sie im Folgejahr in den Friedhofsmauern eine passende Nische zum Nestbau finden, ist unbedingt von einer peniblen und flächendeckenden Restauration der alten Mauerwerke abzusehen. Schließlich würde durch übereifrige Ausbesserungsarbeiten und eine Verfüllung der Niststrukturen mit Zement oder Mörtel sämtlichen Bewohnern ein überlebenswichtiger Zu- und Ausgang verwehrt werden.

In und um unsere Städte gibt es zahlreiche historische Bauwerke, darunter Fachwerkhäuser sowie Ziegel-, Kalk- und Sandsteinmauern beziehungsweise -gebäude. Mit ihren porösen Lehm- und Mörtelfugen sowie feinen Gesteinsrissen bieten sie nicht nur Schmalbienen, sondern auch Buckeligen Seidenbienen (*Colletes daviesanus*), Gewöhnlichen Maskenbienen *(Hylaeus communis)*, Rostroten und Gehörnten Mauerbienen *(Osmia bicornis, O. cornuta)* sowie Frühlingspelzbienen *(Anthophora plumipes)* eine geeignete Nische zur Nestanlage.

In den Rissen alter Mauern wächst das Zimbelkraut, welches zur Blütezeit von den Schmalbienen zur Nahrungssuche angeflogen wird.

Vorsichtig tritt eine Breitkopf-Schmalbiene aus einer winzigen Nische in der Mauer hervor.

Insektennisthilfen und ihre Besiedler

Auf einem Spaziergang durch die Schrebergartenanlagen unterschiedlichster Städte kann man in etlichen Gärten Nisthilfen für Bienen und andere Insekten hängen sehen. Einige wurden selbst gebaut aus hohlen Pflanzenstängeln oder angebohrtem Holz, andere stammen aus dem Baumarkt, dem Gartencenter oder dem Internetversand. Die kleinen Schutzmaßnahmen zeigen, dass zahlreiche Bürger der Stadt interessiert sind, den bedeutsamen Bestäubern ein Zuhause zu geben.

EXKURSIONSTIPP

Ort:
Wildbienennisthilfen auf Schulhöfen, in privaten Gärten und öffentlichen Grünanlagen

Mögliche Bienenbeobachtungen:
Mauerbienen, Scherenbienen, Blattschneider- und Mörtelbienen, Maskenbienen, Löcherbienen, Düsterbienen sowie diverse solitär oder parasitär lebende Wespenarten

Geeignete Jahreszeit:
April bis August

NISTHILFE STATT HOTEL

Die häufig für Nisthilfen benutzte Bezeichnung «Bienenhotel» weckt bei vielen Menschen die Vorstellung von einem klassischen Hotel, sprich von einem Ort, an dem man auf Reisen nur wenige Tage übernachtet. Dieses Bild trifft zwar für einige Bienenmännchen zu, die gelegentlich bei Schlechtwetter oder in der Nacht Hohlräume einer Nisthilfe als vorübergehenden Unterschlupf aufsuchen. Die Bienenweibchen richten jedoch an diesem Ort die Kinderstube für ihren Nachwuchs ein, indem sie Wände tapezieren, Türen einbauen und Proviant eintragen. Bis ihre Nachkommen als voll entwickelte Bienen die Brutzellen verlassen, vergehen etwa zehn Monate. Kaum ein Mensch würde seinen Nachwuchs in einem Hotel bekommen und großziehen wollen. Um die Bedeutung dieser vermeintlichen «Hotels» für Bienen und andere Insekten hervorzuheben und Missverständnisse zu umgehen, nutzen wir also ausschließlich die Bezeichnung «Nisthilfen».

Leider besitzen vor allem gekaufte Nisthilfen beträchtliche Bausünden und sind für Bienen und andere Hautflügler meist wenig zum Nisten geeignet. In verschiedenen Modellen weisen Bohrgänge oder Bambushalme nach innen gerichtete Holzsplitter auf. Solche unsauber bearbeiteten Hohlräume werden von Bienen gemieden, schließlich könnten sie sich mit ihren empfindlichen Flügeln beim Hinein- oder Hinauskriechen verletzen. Ebenfalls häufig findet man Nistelemente, die mit Kiefern- oder Fichtenzapfen, Stroh, Rindenmulch oder Sägespänen befüllt sind. Auch hier wird keine der in Mitteleuropa heimischen Wildbienen ihr Nest anlegen. Vor allem Gemeine Ohrwürmer, die ohnehin in zahlreichen Nischen eines naturnahen Gartens einen passenden Unterschlupf finden, machen von diesen Strukturen Gebrauch. Sie sind Allesfresser und ernähren sich nicht nur von Blattläusen, sondern auch von Bienenbrut und Pollenvorrat aus der Nachbarschaft. Wer Ohrwürmer in seinem Garten fördern will, sollte dies folglich nicht mit einer Bienennisthilfe tun. Dies sind nur wenige Beispiele für gängige Fehlkonstruktionen aus Baumarkt,

Materialien wie angebohrtes Hartholz, hohle Schilf- und Bambushalme, gebrannte Tonziegel und Lösswände bieten unterschiedlichen Solitärbienen und -wespen eine geeignete Brutstätte.

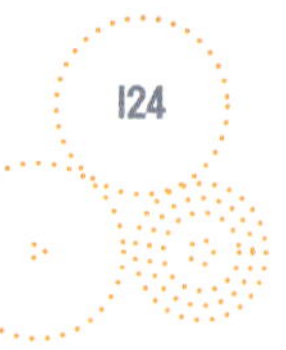

Um möglichst unterschiedlichen Hautflüglern einen Nistort zu bieten, sollten die Bohrlöcher einer Nisthilfe unterschiedliche Durchmesser von 2 bis 9 mm aufweisen.

Gartencenter und Onlineportalen, von deren Kauf wir in jedem Fall abraten. Funktionierende Nisthilfen können Sie stattdessen über die Internetplattformen www.wildbienen.com, www.wildbienenschreiner.de, www.naturschutzcenter.de und www.wildbee.ch erwerben oder mit nur wenig Aufwand selbst herstellen (siehe Kapitel «Wildbienen schützen in der Stadt»).

Zwar finden selbst in gut gebauten Nisthilfen längst nicht alle Bienenarten einen passenden Nistplatz, denn etwa drei Viertel unserer heimischen Nest bauenden Bienen nisten unterirdisch. Wenn jedoch unterschiedliche Strukturen, wie Morschholz, Lehm- und Lösskästen, Brombeerstängel, hohle Schilf- und Bambushalme sowie Tonziegel oder Hartholz mit sorgfältig ausgearbeiteten Bohrungen von 3 bis 9 mm Durchmesser verwendet wurden, können hier verschiedene Solitärbienen und -wespen ebenso wie parasitisch lebende Hautflügler einen geeigneten Brutplatz finden.

Immerhin können etwa 40 der in Deutschland heimischen Wildbienenarten an vielfältig strukturierten Nisthilfen nachgewiesen werden, von denen einige sogar auf der Roten Liste als gefährdet eingestuft sind.

Mittlerweile werden in vielen Regionen von Umwelt- und Naturschutzverbänden mehr und mehr funktionierende kleine und große Nisthilfen in sorgfältigster Feinarbeit gebaut. Diese wurden und werden zur Förderung von Wildbienen und anderen Hautflüglern an Naturschutz- und Umweltbildungseinrichtungen, auf Schulhöfen, in botanischen Gärten oder auf anderen öffentlichen Flächen aufgestellt. Ein Besuch solcher Nisthilfen ist besonders zu empfehlen. Hier können sich

Groß und Klein kreative Anregungen zum Nisthilfenbau holen und ab April das Brutgeschehen von Bienen und anderen Bewohnern ausführlich studieren. Um die Tiere beim An- und Abflug nicht zu sehr zu irritieren, sollten Sie lediglich Abstand von etwa 1 m zu den Nesteingängen halten. Versuchen Sie einmal durch eigene Beobachtungen unter anderem folgenden Fragen nachzugehen:

- Wie viele unterschiedliche Bienenarten können Sie an der Nisthilfe entdecken?
- Welche Strukturen werden von den Bienen besiedelt?
- Welchen Durchmesser haben die Bohrungen, in denen Brutzellen angelegt werden?
- Welche Baumaterialien werden in die Löcher eingetragen?
- Wie transportieren die Bienenweibchen den herbeigeschafften Pollen? Befindet er sich an den Hinterbeinen oder an der Bauchunterseite? Welche Farbe hat der Pollen?
- Wie schlüpfen die Bienen in die Löcher hinein: vorwärts oder rückwärts? Warum tun sie dies?
- Wie viele verschlossene Nesteingänge sind zu sehen? Womit wurden sie verschlossen?
- Sind noch andere Insekten an der Nisthilfe vorzufinden? Welche sind es, wie versorgen sie ihre Brutzellen bzw. wie verhalten sie sich?

Mauern mit Mörtel – Nestbau der Mauerbiene

Die häufigste und wohl bekannteste Nisthilfenbewohnerin in unseren Siedlungsgebieten ist die Rostrote Mauerbiene *(Osmia bicornis)*. Sie ist eine von über 60 Mauerbienenarten in Deutschland und von März bis Juni aktiv. Ihr Kopf ist schwarz, ihre Brust braungelb und ihr Hinterleib rostrot bis schwarz behaart. Beim genaueren Hinsehen erkennt man zwei kleinere Hörner am Kopfschild, ein Merkmal, welches diese Biene mit ihrer Schwesterart, der Gehörnten Mauerbiene *(Osmia cornuta)*, teilt. Letztere ist jedoch wesentlich kontrastreicher gefärbt und bereits wenige Wochen vorher aktiv. Beide Arten nisten in vorhandenen Hohlräumen und sind nicht besonders anspruchsvoll bei der Wahl ihres Nistplatzes. So kommt es gelegentlich vor, dass man Tiere beim Bau der Brutzellen in Schlüssellöchern, Fensternuten oder Rolladenstoppern entdeckt. In der Nisthilfe besiedelt die Rostrote Mauerbiene vorwiegend Bohrungen im Holz sowie hohle Bambus- bzw. Schilfhalme, die einen Innendurchmesser von etwa 6 bis 7 mm aufweisen.

Bei der Inspektion eines potenziellen Nistplatzes tasten die Weibchen mit ihren Fühlern die Wände des Ganges intensiv ab. Die auserkorene Bohrung wird sorgfältig gereinigt und gegebenenfalls von Baumaterialien vorheriger Bewohner befreit.

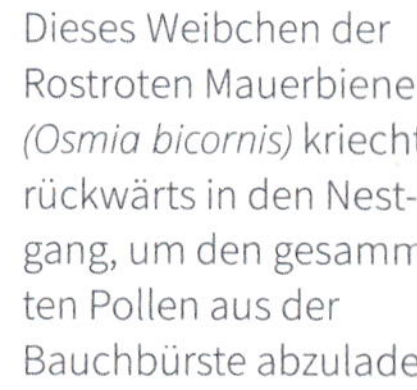

Dieses Weibchen der Rostroten Mauerbiene *(Osmia bicornis)* kriecht rückwärts in den Nestgang, um den gesamm ten Pollen aus der Bauchbürste abzulade

Ein älteres Mauerbiene weibchen ruht am Nesteingang. Mitte Mai die Behaarung vieler Individuen bereits verblasst und stark abgeflogen.

Rostrote Mauerbienen nutzen zum Ausbau ihrer Brutzellen mineralisches Material wie Lehm, vermischt mit etwas Speichel. Manchmal kann man im eigenen Garten an lehmigen, feuchten und kaum bewachsenen Stellen, zum Beispiel im umgegrabenen Beet oder am Ufer eines Gartenteiches, sogar Dutzende Mauerbienen beim Bodenabbau beobachten. Kleine Erdklümpchen tragen die Weibchen zwischen ihren Mandibeln zur Nisthilfe und kleiden damit zunächst nur die Rückwand der Bohrungen aus.

Hierfür kriechen sie vorwärts in die Löcher und rückwärts wieder hinaus; zum Drehen ist ihr Nistgang meist zu schmal. Etwa drei Flüge zum Lehmholen werden benötigt, um die Rückwand der Brutzelle fertigzustellen. Ein viertes Mal schafft die Biene Baumaterial heran, um einen kleinen Anfang der nächsten Brutzellenwand hochzuziehen. Es handelt sich hierbei um die sogenannte «Fabres Schwelle», benannt nach dem französischen Entomologen Jean-Henri Fabre, der diese Bauweise vor gut 100 Jahren ein erstes Mal beschrieb.

Mit einem Otoskop können Erwachsene und Kinder als Wildbienen-Forscher aktiv werden und sich ein Bild von der Inneneinrichtung des Bienennestes machen. Dieses Gerät, welches mit Licht und Lupe ausgestattet ist, ist den meisten wohl eher vom Ohrenarzt vertraut, doch eignet es sich ebenso gut zum Inspizieren der Bohrungen und zum Auffinden von Fabres Schwellen sowie von eingetragenen Pollenvorräten. Rostrote Mauerbienen sind ausgesprochen polylektisch, sammeln ihre Nahrung unter anderem an den Obstbäumen in den vielen Kleingärten und tragen zu deren Bestäubung bei. Sofort fallen bei den Weibchen, die von ihren Sammelflügen zur Nisthilfe zurückkehren, die gelb bepuderten Bauchbürsten ins Auge. Wenn sie nicht nur Pollen, sondern auch Nektar dabeihaben, kriechen sie zunächst vorwärts in die Nistgänge, um den im Kropf gesammelten Saft wieder auszuspucken. Kurze Zeit später kommen sie rückwärts wieder heraus, drehen sich um 180 Grad und verschwinden mit dem Po voran ein weiteres Mal in der Brutzelle. Erst jetzt streifen sie mit den Hinterbeinen den Pollen aus der Bauchbürste und lagern ihn an der Zellenrückwand. Nach mehr als 20 Sammelflügen ist das Pollen-Nektargemisch groß genug, und die Mauerbiene legt ein befruchtetes Ei auf den Vorrat. Hier wird sich in den kommenden Wochen eine weibliche Biene entwickeln. Anschließend wird die Fabres Schwelle zu einer Zwischenwand ausgebaut, die gleichzeitig die Rückwand der nachfolgenden Zelle bildet. Zelle um Zelle wird auf diese Weise als Linienbau hintereinander errichtet – bis zu 20 Stück können es sein.

Die letzten Brutkammern in der Bohrung enthalten weniger Pollen und sind jeweils mit einem unbefruchteten Ei bestückt, aus dem eine männliche Bienenlarve schlüpft. Vollkommen leer bleibt die Zelle unmittelbar hinter dem Nestverschluss: Sie bietet den Larven einen gewissen Puffer vor Parasiten und Fressfeinden.

Mit dem Otoskop können Nistgänge nach eingetragenen Pollenvorräten und Baumaterialien abgesucht werden.

Die mit gelben Pollen gefüllten Brutzellen einer Mauerbiene in einem Bohrgang (ca. 5 mm Innendurchmesser) sind erst wenige Tage alt. Die Larven sind noch nicht geschlüpft.

Winzige Gegenspieler – die Mauerbienen-Taufliege

Oft fallen an den von Mauerbienen besiedelten Nisthilfen kleine schwarze Fliegen mit großen roten Komplexaugen auf: die Mauerbienen-Taufliegen *(Cacoxenus indagator)*.

Sie sitzen meist vor den Nesteingängen, verschwinden ab und zu in Bohrungen, Bambus- und Schilfhalmen, die von Bienenweibchen besetzt wurden, und legen ein bis acht Eier in das Bienennest. Während viele Arten der Familie der Taufliegen (Drosophilidae), darunter auch die wohlbekannte Fruchtfliege *(Drosophila melanogaster)*, ihre Eier in gärendes Obst ablegen, von dem sich die geschlüpften Larven ernähren, verzehren die Larven der Mauerbienen-Taufliegen den lebenswichtigen Pollenvorrat der Bienen. Befinden sich mehr als zwei Taufliegenlarven in einer Brutzelle, bleibt der Bienenlarve zu wenig Nahrung. Parasitiert werden

Die Mauerbienen-Taufliege *(Cacoxenus indagator)* ist zwar winzig klein, doch fällt sie an Nisthilfen vor allem aufgrund ihrer roten Facettenaugen auf.

Am Nesteingang der Rostroten Mauerbiene *(Osmia bicornis)* wartet eine Mauerbienen-Taufliege *(Cacoxenus indagator)* auf den passenden Moment zur Eiablage.

vorwiegend Rostrote und Gehörnte Mauerbienen sowie gelegentlich auch weitere Mauer-, Blattschneider- und Mörtelbienenarten. In Nisthilfen können die Mauerbienen-Taufliegen vor allem bei der Rostroten Mauerbiene *(Osmia bicornis)* zu einer stark verringerten Nachkommenzahl führen.

Dass eine Nisthilfe von Mauerbienen-Taufliegen besiedelt wird, lässt sich bereits vor dem Schlüpfen der voll entwickelten Bienen und Fliegen aus den Brutzellen erkennen, wenn nämlich ein winziges Loch im Nestverschluss zu sehen ist. Mauerbienen-Taufliegen überwintern als Larven und verpuppen sich erst im Frühjahr. Vor der Verpuppung nagen die Larven etwa stecknadelkopfgroße Löcher in Zwischenwände und Nestverschluss, jedoch verlassen sie das Bienennest noch nicht. Während der Verwandlung der Fliegenlarven zu voll entwickelten Fliegen in der Puppenphase werden die Mundwerkzeuge umgebildet, sodass sie dann nicht mehr in der Lage sind, die Mörtelwände zu durchdringen. Stattdessen kriechen sie durch die vorgefertigten Öffnungen nach draußen.

Mit Harz verschlossen – der Nestbau der Löcherbiene

An vielen Nisthilfen können Sie später im Jahr, in der Zeit von Juni bis September, Gewöhnliche Löcherbienen *(Heriades truncorum)* entdecken. Hierbei handelt es sich um 5 bis 7 mm kleine, schwarze und kaum behaarte, eher unscheinbare Bienen, deren Körper etwas gedrungener sind als die der Scherenbienen, die zur gleichen Jahreszeit aktiv sind und ebenfalls Nisthilfen besiedeln.

Der wissenschaftliche Name der Löcherbiene leitet sich von dem lateinischen Wort *truncus* (= Baumstamm) ab und nimmt Bezug auf ihren Nistplatz. Bevorzugt

Ein Löcherbienenweibchen *(Heriades truncorum)* verschließt seinen Nesteingang mit einem Harzpfropfen. Der Kaninchendraht schützt vor Fressfeinden wie Kohlmeisen oder Spechten.

Dieses Löcherbienenweibchen *(Heriades truncorum)* sammelt eifrig auf einer Färberkamille, seine Bauchbürste ist bereits mit gelbem Pollen beladen.

Bezieht ein Bienenweibchen einen alten Nistgang, wird dieser zuvor gründlich gereinigt. Vor der Bohrung können Sie dann kleine Berge aus Baumaterial- und Pollenklümpchen entdecken.

Charakteristisch für die Keulenwespen sind die leicht gebogenen Fühler. Hier zu sehen ist eine Zehnpunkt-Keulenwespe *(Sapygina decemguttata)*.

suchen die Tiere nämlich verlassene Käferfraßgänge in abgestorbenen Bäumen oder Ästen sowie unbehandelten Brettern oder Zaunpfählen auf. Heutzutage nutzen sie ebenso häufig Bohrungen, hohle Bambus- oder Schilfhalme mit einem Durchmesser von nur 3 bis 5 mm in Nisthilfen. Mit solchen Ersatznistplätzen können Sie die Tiere sogar auf Balkon und Terrasse ansiedeln, vorausgesetzt, es existieren in der unmittelbaren Nestumgebung geeignete Pollenquellen. Denn zur Verproviantierung der Brutzellen fliegt die Bauchsammlerin ausschließlich Korbblütler an, darunter Alant (*Inula* spp.), Geruchlose Kamille *(Tripleurospermum inodorum)*, Wiesen-Schafgarbe *(Achillea millefolium)* und diverse Greiskräuter (*Senecio* spp.). Möglicherweise durften sich schon einmal Garten-, Terrassen- oder Balkonbesitzer, bei denen zum Beispiel Färber-Kamille *(Anthemis tinctoria)* oder Ochsenauge *(Buphthalmum salicifolium)* im Beet oder Blumenkübel wachsen, an den kleinen schwarzen Bauchsammlerinnen erfreuen. Ihr Sammelverhalten beim Blütenbesuch ist unverkennbar: Sie bewegen sich im Kreis über den Korbblütlerboden, wippen dabei ständig mit dem Hinterleib auf und ab und tupfen auf diese Weise den Pollen aus den Röhrenblüten in ihre Bauchbürste.

Mit einem pollenbeladenen Bauch fliegen sie dann zurück zum Nistplatz. Mehr als 30 solcher Sammelflüge benötigen sie für die Verproviantierung einer einzigen Brutzelle, wobei sie in ihrem etwa vierwöchigen Leben 2 bis 16 Zellen anlegen. Vor den Bohrungen einer Nisthilfe können Sie gelegentlich am Boden kleine Pollenberge entdecken. Diese können unter anderem von Reinigungsarbeiten einiger Löcherbienen stammen, die alte Nester besiedeln und vor dem Einzug sämtliche Pollen- und Mauerreste herausbefördern.

Als Baumaterial für Zwischenwände und Nestverschluss nutzt diese Bienenart Harztröpfchen, die sie mit ihren Mandibeln an Baumwunden oder klebrigen Knospen von Nadel- oder Laubbäumen sammelt. Neben Harz werden in den Nestverschluss zusätzlich Sandkörner, kleinste Kieselsteinchen, Holzfasern und Pflanzenteile eingearbeitet.

Wo die Gewöhnliche Löcherbiene vorkommt, kann man oft auch ihre Kuckucksbiene, die Gewöhnliche Düsterbiene *(Stelis breviuscula)*, antreffen. Trotz fehlender Bauchbürste ist sie aufgrund ähnlicher Färbung, Größe und Behaarung leicht mit ihrem Wirt zu verwechseln. Am ehesten unterscheiden sich die schwarzen Bienen durch ihr Verhalten. So halten sich die Kuckucksbienen länger an der Nisthilfe auf und inspizieren immer wieder Hohlräume nach angelegten Brutzellen, um dort ihre Eier zu deponieren. Ein weiterer Brutparasit, die Zehnpunkt-Keulenwespe *(Sapygina decemguttata)*, ist ebenfalls unmittelbar auf das Vorkommen der Gewöhnlichen Löcherbiene angewiesen. Auch dieser Hautflügler ist eher unscheinbar, kaum behaart und schwarz, jedoch sehr schlank, bis zu 9 mm groß und besitzt an beiden Seiten des Hinterleibs jeweils fünf kleine weiße Flecken.

Eine solitäre Faltenwespe hat ihre Brutzellen in einem hohlen Schilfhalm angelegt und trägt zur Verproviantierung gelähmte Falterraupen ein.

Unmittelbare Nachbarn – solitäre Faltenwespen

Wer im Sommer längere Zeit das Fluggeschehen vor den Nisthilfen beobachtet, dem wird auffallen, dass auch solitäre Faltenwespen von dem zusätzlichen Nistplatzangebot profitiert haben. Diverse solitäre Arten der Gattungen *Ancistrocerus, Euodynerus, Microdynerus* und *Symmorphus* nutzen die gleichen Strukturen wie unsere Wildbienen und legen ihre Brutzellen in Bohrungen, Schilfhalmen und Bambusstäben an. Sie sind meist deutlich schlanker und zierlicher gebaut als die nah verwandten Staaten bildenden Faltenwespen. Ihr gemeinsames Merkmal sind die während der Ruhephase in Längsrichtung gefalteten Vorderflügel, die daher besonders schmal erscheinen. Wie bei den Solitärbienen versorgt auch bei den solitären Faltenwespen ein Weibchen allein seine eigene Brut. Unter guten Bedingungen können sie ebenfalls kolonieartig zu mehreren dicht beieinander nisten. Doch ist dies kein Grund zur Sorge, denn sie meiden den Menschen und halten sich selbst von kuchenreichen Kaffeetafeln fern. Obwohl solitäre Faltenwespen wie ihre Staaten bildenden Verwandten kontrastreich schwarz-gelb gefärbt sind und gefährlich erscheinen, sind sie absolut friedfertig und man kann auch sie an der Nisthilfe aus nächster Nähe beobachten. Nach und nach bringen die eifrigen Wespenweibchen Raupen herbei, die sie auf Dachterrassen und in Gärten zum Beispiel an Obst- und Gemüsepflanzen erbeutet haben.

Die gelähmte Beute dient zur Verproviantierung der Brutzellen und wird mit dem Kopf voran in die Bohrungen der Nisthilfe eingetragen. Die fertigen Brutzellen werden wie bei der Mauerbiene durch gemörtelte Wände verschlossen. Da die meisten solitären Faltenwespen zum Nestbau Lehm oder andere mineralische Materialien bevorzugen, werden sie häufig auch als Lehmwespen bezeichnet.

Vor verriegelten Türen – die Vielfalt der Nestverschlüsse

Selbst wenn keine Nisthilfenbesiedler zu sehen sind, kann man herausfinden, ob und von wem Bohrungen, Schilf- und Bambushalme sowie Tonziegel besiedelt wurden. Hinter jeder verschlossenen Tür befinden sich meist mehrere linear angelegte Nester von Bienen, Grab- oder Faltenwespen. Hinweise auf den jeweiligen Besiedler geben Lochdurchmesser sowie Substanz und Verarbeitung der Nestverschlüsse. Schauen Sie einmal nach und finden Sie heraus, welche Hautflügler die Nisthilfe zum Wohnsitz auserwählt haben.

Während der Nestverschluss der Bienen eher eine grobe und raue Struktur aufweist, verstreichen die Wespen das Material sehr glatt und zum Teil auch um den Nesteingang herum, sodass die exakten Umrisse der Bohrungen kaum noch zu erkennen sind. Auch die Glänzende Natternkopf-Mauerbiene *(Osmia adunca)*

Platterbsen-Mörtelbienen *(Megachile ericetorum)*, Gehörnte und Rostrote Mauerbienen *(Osmia cornuta, O. bicornis)* verschließen ihre Nester mit mineralischem Mörtel.

Gewöhnliche Löcherbienen *(Heriades truncorum)* verwenden Harz zum Verschließen der Nester und mengen kleine Steinchen bei.

Ein charakteristischer Ring aus Harztröpfchen befindet sich um den Nesteingang der Grabwespe *(Passaloecus eremita)*.

Nestverschlüsse aus einem dünnen, transparenten und zellophanähnlichen Häutchen stammen von Maskenbienen.

nutzt mineralisches Material zum Bauen, arbeitet zusätzlich noch Holzfasern aus der unmittelbaren Umgebung mit in die abschließende Schicht ein und sorgt so für eine optimale Tarnung ihres Nestzuganges. Hahnenfuß- und Glockenblumen-Scherenbienen *(Chelostoma florisomne, C. rapunculi)* mengen ihrem Nestverschluss wiederum kleinere Steinchen bei und besiedeln Hohlräume mit einem geringeren Durchmesser von etwa 3,5 bis 4 mm.

Einige Grabwespenarten verwenden wie die Löcherbienen Harz zum Nestbau und deponieren ebenfalls kleine Steinchen, Holzpartikel oder Ähnliches im Verschluss.

Zuweilen fallen an den Nisthilfen besonders charakteristisch mit Harz verschlossene und verzierte Nesteingänge auf, die von Blattlaus jagenden Grabwespen *(Passaloecus eremita)* angelegt wurden. Schon zu Beginn der Bauphase hat jedes Weibchen einen individuell gestalteten Ring aus kleinen Harztröpfchen um seinen Nesteingang angefertigt. Für diese Arbeit wurde ausschließlich Kiefernharz genutzt. Dieser härtet nach einiger Zeit aus und nimmt eine milchig weiße bis gelbe Färbung an.

Andere Bienengattungen sammeln pflanzliches Material zum Ausbau ihrer Brutzellen. So schneiden Blattschneiderbienen mit ihren Mandibeln rundliche Stücke von Blüten- oder Laubblättern aus und setzen mehrere davon passgenau in den Nesteingang. Einige Mauerbienenarten wie etwa die Einhöckerigen Mauerbienen *(Osmia niveata)* zerkauen die Blattstücke in feinste Teilchen, vermischen das Ganze mit Speichel und nutzen den entstandenen Brei zum Bau von Zwischenwänden und Zellenverschluss. Dieser pflanzliche Mörtel ist zunächst laubgrün, später jedoch bräunlich-schwarz gefärbt.

Gut wiederzuerkennen sind auch die Nestverschlüsse von Maskenbienen. Gefertigt werden diese aus einem Drüsensekret, welches an der Luft zu einem transparenten, zellophanähnlichen und hauchdünnen Häutchen aushärtet. Dickere, seidenähnliche Verschlüsse stammen hingegen von Grabwespen der Gattung *Psenulus.*

Ganz schön bunt – Goldwespen und weitere Nutznießer

Neben den Keulenwespen kann man mit etwas Glück weitere Parasitoide an den Nisthilfen entdecken, die ihre Eier im richtigen Moment sowohl den Bienen als auch den Wespen unterschmuggeln. Zu beobachten sind zum Beispiel Arten aus der wohl farbenprächtigsten Familie der heimischen Hautflügler, der Goldwespen. Einige Individuen sind zwar winzig klein, fallen aber durch ihre leuchtend metallische Färbung auf. Je nach Art schillern Kopf, Thorax und Hinterleib rot, blau, grün oder golden.

Besonders häufig an Totholznisthilfen anzutreffen ist die Gemeine Goldwespe *(Chrysis ignita)*. Ihr Hinterleib ist rotgolden gefärbt, während Kopf und Brust blaugrün schillern. Möglicherweise verbergen sich unter dieser Art sogar mehrere Arten,

Trotz ihrer geringen Größe fallen Goldwespen dem aufmerksamen Nisthilfenbeobachter sofort ins Auge, denn sie schimmern in den prächtigsten Farben.

Besonders häufig an den Nisthilfen anzutreffen ist die Gemeine Goldwespe *(Chrysis ignita)*. Ihr Hinterleib glänzt metallisch rot bis kupferrot, Kopf und Thorax glänzen blaugrün.

bei denen eine Differenzierung bisher nicht möglich war. Dies würde auch die stark schwankende Körpergröße unterschiedlicher Individuen von 4 bis 13 mm erklären. Bekannt ist, dass diese Goldwespen bei Faltenwespen parasitieren. Ob ebenfalls Mauer- und Holzbienen zu ihren Wirten gehören, wird zwar von einigen Entomologen angenommen, konnte bisher jedoch nicht abschließend geklärt werden. Sollten Sie an einer Nisthilfe eine Goldwespe erspäht haben, versuchen Sie einmal zu verfolgen, in welchen Bohrungen der farbenfrohe Parasit verschwindet. Gehört das von der Goldwespe besuchte Nest einer Faltenwespe oder einer Mauerbiene? Wäre Letzteres der Fall, würden sich die Larven der Goldwespe nicht vom Pollenvorrat, sondern in jedem Fall von der vollgefressenen Bienenlarve ernähren.

Weitere besonders auffällige Brutschmarotzer sind Schlupf- und Schmalbauchwespen. Viele dieser Legeimmen sind mit einem Legeapparat ausgestattet, der die

Goldwespen lassen sich an Nisthilfen gut beobachten, da sie oftmals längere Zeit an einer sonnigen Stelle innehalten.

Bei der Suche nach Wirtszellen tasten die parasitoiden Schlupfwespen Nestverschlüsse mit den Fühlern ab.

Ist die Schlupfwespe fündig geworden, bohrt sie zur Eiablage ihren Legestachel durch den Nestverschluss.

Die verdickten Hinterbeine und der lange Legebohrer mit der weißlichen Spitze sind charakteristisch für die Schmalbauchwespe *(Gasteruption jaculator)*.

Länge ihres Körpers bei Weitem überragt. Mit Hilfe dieser Bohrer gelingt es ihnen, die Eier sogar in die verschlossenen Brutzellen der Solitärbienen und -wespen zu legen.

Ebenso kann man an Nisthilfen die Schmalbauchwespe *(Gasteruption jaculator)* beobachten. Ihr Bohrer ist auffällig lang und mit einer weißen Spitze versehen. Wie Faltenwespen faltet auch sie ihre Flügel in Ruhestellung in Längsrichtung zusammen.

Schmalbauchwespen *(Gasteruption jaculator)* werden auch als Gichtwespen bezeichnet. Für sie charakteristisch und namensgebend sind zum einen der schmale, oben am Thorax ansetzende Hinterleib und zum anderem die verdickten Hinterschienen mit der weißlichen Spitze.

Bedenken Sie beim Beobachten der Parasiten und Parasitoiden jedoch eines: Nicht durch Mauerbienen-Taufliegen, Düsterbienen, Goldwespen, Schlupfwespen, Schmalbauchwespen und andere sind heute viele Wildbienenarten in ihrem Bestand bedroht – all diese Arten gehören unabdingbar zum Naturganzen. Es sind von Menschen ausgehende Gefahren, die die Bienenvielfalt immer mehr einschränkt!

Blütenreiche Nachbarschaft

Dass bestimmte Nisthilfen in Siedlungsgebieten so gut von den Bienen angenommen werden, ist nicht nur der Bauweise, sondern auch der Tatsache geschuldet, dass die Tiere in unmittelbarer Nestumgebung oft ein reiches Blütenangebot vorfinden. Schauen Sie sich in der Umgebung einmal nach blühenden Wild- und Kulturpflanzen um. Bestenfalls blühen hier und da zu unterschiedlichen Jahreszeiten Obstbäume und -sträucher, Heil- und Gewürzkräuter ebenso wie Zier-, Färber- und Gemüsepflanzen. Selbstverständlich wird in einer wildbienenfreundlichen Umgebung auf jegliches Gift verzichtet, und es darf sich in zahlreichen Ecken und Nischen eine kleine Wildnis mit entsprechenden Wildpflanzen entwickeln.

Vom Frühjahr bis in den Herbst finden Bienen in strukturreichen Naturgärten Nahrung an blühenden Wildkräutern, in Gemüse- und Kräuterbeeten sowie an Obstbäumen und -sträuchern.

Im Garten ein Summen

EXKURSIONSTIPP

Ort:
botanische Gärten, eventuell auch Burg-, Kloster- oder Kirchgärten

Mögliche Bienenbeobachtungen:
Garten-Wollbienen, Gemeine Löcherbienen, diverse Hummeldrohnen, Maskenbienen, Scherenbienen, Blattschneider- und Mörtelbienen

Geeignete Jahreszeit:
Juni bis August

Parkanlagen und Gärten können im Siedlungsraum eine herausragende Bedeutung für Bienen besitzen. Dies trifft natürlich auch für botanische Gärten zu, von denen viele dank ihres vielseitigen Blütenangebotes und des Verzichts auf Pestizide eine überraschend arten- und individuenreiche Wildbienenfauna beherbergen. In botanischen Gärten blüht es in den verschiedenen Abteilungen über die ganze Vegetationsperiode hinweg, und es gibt für Bienen vom Frühjahr bis in den Spätherbst Nahrung am laufenden Band. Zwar enthalten die meisten Anlagen einen großen Anteil an nicht heimischen Pflanzenarten aus Afrika, Asien, Nord- und Südamerika, Australien sowie dem Mittelmeerraum, doch sind manche Bienen durchaus in der Lage, sich an etlichen der fremdländischen Nektar- und Pollenquellen zu bedienen. Dies ist vor allem dann der Fall, wenn die Blütepflanzen zu gleichen oder nah verwandten Gattungen der einheimischen Nahrungsquellen gehören. So ist die oligolektische Glockenblumen-Scherenbiene *(Chelostoma rapunculi)* trotz ihrer strengen Spezialisierung bei der Pollenernte nicht nur an autochthonen mitteleuropäischen, sondern auch an asiatischen und nordamerikanischen Glockenblumenarten zu beobachten. Dennoch sind nicht sämtliche fremdländische Arten für alle Bienen nutzbar. In der Regel werden wesentlich mehr heimische als exotische Pflanzen von den Tieren angeflogen. Folgen Sie bei einem Besuch im botanischen Garten Ihrer Stadt einmal den Blütenbesuchern und finden Sie heraus, welche Bienenarten welche Pflanzen aus welchen Ursprungsländern anfliegen. Sollte es in Ihrer Stadt keinen botanischen Garten geben, bieten sich vielleicht andere Möglichkeiten. So verfügen manche Städte über Burg-, Kloster- oder Kirchgärten, die ebenfalls oft über die ganze Vegetationsperiode blühende Pflanzen beherbergen, darunter durchaus auch ursprünglich nicht bei uns beheimatete.

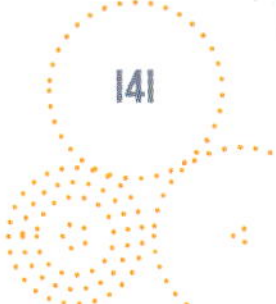

Die ersten Hummeldrohnen

Bereits im Juni können Sie auf den Blüten von Karde, Kugeldistel, Sonnenhut, Flockenblume und vielen anderen einheimischen wie nicht einheimischen Korbblütlern in botanischen und anderen Gärten Wiesenhummeln *(Bombus pratorum)* mit einer dichten gelben Gesichtsbehaarung entdecken. Der gesamte Pelz dieser Tiere wirkt sehr struppig. Manche Individuen sind mit Ausnahme ihrer orangeroten Hinterleibsspitze beinahe vollkommen hellgelb gefärbt. Es sind die ersten Hummelmännchen, die Sie zu dieser Jahreszeit an vielen Orten in der Stadt entdecken können. Unter den heimischen Hummeln beginnen und beenden die Wiesenhummeln ihren Lebenszyklus im Jahreslauf am frühesten. Nun, im Frühsommer, hat ihre Volkentwicklung bereits den Höhepunkt erreicht. 50 bis 120 Tiere leben dann in den Nestern, die sich in Grasbüscheln, in Vogelnistkästen oder Gebäuden befinden. Bis vor wenigen Tagen wurde von der Hummelkönigin noch ein chemischer Botenstoff (= Pheromon) abgesondert, der verhinderte, dass sich aus den weiblichen Larven Königinnen entwickelten. Die Pheromonproduktion hat die Königin mittlerweile eingestellt und sowohl befruchtete als auch unbefruchtete Eier gelegt, aus denen Jungköniginnen und Drohnen hervorgingen. Die voll entwickelten Hummelmännchen verlassen bereits nach wenigen Tagen das Nest und kehren nicht mehr dorthin zurück. Die anschließenden Nächte verbringen sie unter freiem Himmel und schlafen meist, wie viele andere Bienenmännchen, in oder auf unterschiedlichen Blüten. Energie tanken sie in Form von Nektar oftmals sogar zu mehreren auf großen, auffälligen Blüten – ein Anblick, der ein wenig an eine friedliche Männergruppe in einer Bar erinnert.

Besonders viel Lebenszeit ist ihnen nicht vergönnt. Da es meist deutlich weniger Jungköniginnen gibt, ist darüber hinaus die Wahrscheinlichkeit, dass Drohnen sich verpaaren, äußerst gering, obwohl sie sich mehrfach verpaaren könnten.

tanische Gärten bieten mit ihrer lfalt an Lebensräumen und anzengemeinschaften terschiedlichster Klimazonen schiedenen Bienenarten eignete Lebensbedingungen.

Männchen der Wiesenhummel *mbus pratorum)* trinkt Nektar Sonnenhut und stärkt sich für Suche nach einer Jungkönigin.

Blütenreviere und Wattehöhlen

Wesentlich mehr Glück bei der Weitergabe ihrer Gene haben wohl die Männchen der Garten-Wollbiene *(Anthidium manicatum)*. Diese auffällige Bienenart kann in blüten- und strukturreichen Gärten, vor allem aber in botanischen Gärten eine außerordentlich hohe Individuendichte erreichen. In den Städten Mitteleuropas sind Männchen und Weibchen von Juni bis September aktiv. Sieht man die schwarz-gelb gefärbten Wollbienen zum ersten Mal, denkt man vermutlich zunächst, man hätte es mit Wespen zu tun. Doch verraten eine plumpere Gestalt sowie die rötlich gelbe Pollenbürste an der Hinterleibsunterseite der Weibchen, dass es sich um Bienen handelt. Betrachtet man zudem das Abdomen beider Geschlechter etwas genauer, fällt auf, dass die gelben Streifen von einem breiten schwarzen Band unterbrochen sind.

An Beständen von Schmetterlings- und Lippenblütlern, insbesondere von Heil- oder Wollziest, fallen die Wollbienenmännchen durch ihr sonderbares Verhalten auf. Sie sind mit 14 bis 18 mm deutlich größer als die 12 mm messenden Weibchen und besetzen sogenannte Blütenreviere. Diese können 0,1 bis 1,3 m² groß sein und decken die bevorzugte Nahrungsquelle der Artgenossinnen ab. Unermüdlich fliegen die Männchen in einem hohen Tempo zwischen den Ziestblüten umher, ihre geradlinige Flugweise wird immer wieder unterbrochen durch kurze Schwebephasen und Blütenbesuche. Gelegentlich lassen sich die Tiere auf einem Blatt, Baumstamm oder Stein nieder, um aus dieser Position ihr Revier zu überblicken.

Dringen arteigene Männchen in die Fläche ein, werden diese im Sturzflug attackiert und so lange verfolgt, bis sie die Reviergrenzen wieder verlassen haben. Beim Angriff der Rivalen setzen die Männchen durchaus auch ihre Dornen am Hinterleib als Waffen ein.

Selbst Nahrungskonkurrenten anderer Arten wie Tagfalter, Honigbienen und größere Hummeln werden von den Nahrungspflanzen im Revier vertrieben. Allein die Weibchen der eigenen Art dürfen hier Nektar und Pollen sammeln. Wollbienen sind zwar polylektisch und fliegen Schmetterlingsblütler, Fingerhut sowie Lippenblütler an, deutlich bevorzugt werden aber die unten genannten Ziest-Arten. Hat ein Männchen eine weibliche Wollbiene auf der rosafarbenen Blüte erspäht, kommt es dort in der Regel unmittelbar zur Paarung. Diese dauert im Durchschnitt eine Minute lang, sodass genügend Zeit bleibt, die Tiere fotografisch einzufangen.

Nur selten bekommt man die Garten-Wollbienen an ihren Nistplätzen zu Gesicht. Diese befinden sich in vorhandenen Hohlräumen unterschiedlicher Art und Größe, zum Beispiel in Holz oder Steinen, in Trockenmauern oder hohlen Pflanzenstängeln, und bisweilen werden auch verlassene Pelzbienennester genutzt.

Ihrem Namen machen die Wollbienen alle Ehre: Sie nutzen als Baumaterial Pflanzenwolle, die sie mit ihren spitz gezähnten, kräftigen Mandibeln von dicht

Die Weibchen der Garten-Wollbiene *(Anthidium manicatum)* sind besonders häufig bei der Nektaraufnahme am Heil-Ziest zu beobachten.

Wie hier verpaaren sich die Garten-Wollbienen *(Anthidium manicatum)* meist auf den Ziestblüten.

Von seinem Ruheplatz aus überblickt dieses Wollbienen-Männchen *(Anthidium manicatum)* sein Revier. Die Flugpause dauert nicht lange, denn kurz darauf wird erneut ein Rivale blitzschnell attackiert und verfolgt.

Das siebte Hinterleibssegment der Wollbienenmännchen *(Anthidium manicatum)* ist mit drei schwarzen Dornen bewehrt. Zwei weitere Zähnchen befinden sich seitlich des sechsten Segments.

Von der Blattunterseite eines Woll-Ziests *(Stachys byzantina)* sammelt dieses Garten-Wollbienenweibchen *(Anthidium manicatum)* die Pflanzenhaare.

behaarten Blättern, Stängeln und Blütenständen des Deutschen und Woll-Ziests *(Stachys germanica, S. byzantina)* sowie diverser Strohblumen (*Helichrysum* spp.), Königskerzen (*Verbascum* spp.) und Flockenblumen (*Centaurea* spp.) abschaben.

Mit den Vorderbeinen formen sie die Pflanzenhaare unter dem Körper zu einer Wollkugel, welche im Anschluss daran zwischen den Mandibeln zum Nest transportiert und zum Auspolstern genutzt wird. Meist werden mehrere Brutzellen in sogenannten Haufenbauten über-, neben- und hintereinander angelegt, sodass das Nest einem Wattebausch ähnelt. Die gut ausgepolsterte Bruthöhle wird zusätzlich mit extrafloralen Drüsensekreten, zum Beispiel von Pippau *(Crepis capillaris)* und Geflecktem Habichtskraut *(Hieracium maculatum)* imprägniert und der Eingang zu guter Letzt mit zahlreichen Steinchen, Stöckchen oder Fichtennadeln verschlossen. Dies zeigt, wie vielfältig die von einer Bienenart verwendeten Materialien für den Nestbau sein können. Orte mit geeigneten Baumaterialien und Nistplatz sowie Nahrungsfläche können zum Teil über 100 m auseinanderliegen. Durch das Anbieten ebendieser Strukturen und die Anpflanzung der bevorzugten Nahrungsquellen kann man die Ansiedlung der Wollbienen aktiv fördern und vielleicht schon bald im eigenen Garten Wollbienen bei Revierverteidigung und Wollernte bestaunen.

Nutzpflanzen für die Bienen – ernten oder blühen lassen

Zahlreiche botanische Gärten sowie manche Burg-, Kloster- und Kirchgärten präsentieren neben einer Vielzahl von heimischen und exotischen Wildpflanzen auch diverse Nutzpflanzen in Kräuter- und Gemüsebeeten, in denen es summt und brummt. Gut von Hummeln besucht sind die Blüten von Tomaten, Chili und Paprika. An den ersten reifen Früchten der Nachtschattengewächse ist die erfolgreiche Bestäubungsarbeit der großen Bienen wiederzuerkennen. Weniger bestäubungsversprechend scheint ihr Blütenbesuch bei Feuer- oder Prunkbohnen zu sein. Dafür können Sie hier kurzrüsselige Hummeln beim Nektarraub auf frischer Tat ertappen. Nicht nur Honigbienen, sondern auch Solitärbienen profitieren vom diebischen Streifzug der dicken Brummer, da sie entstandene Löcher am Blütengrund nutzen, um ebenfalls an den Nektar der Bohnen zu gelangen.

Während in herkömmlichen Gemüsegärten viele Nutzpflanzen bereits vor der Blüte geerntet werden, lässt man sie in manchen botanischen Gärten zur Blüte kommen. So entwickeln Zwiebeln und Küchenlauch erst im zweiten Jahr Hunderte, zu kugeligen Scheindolden angeordnete Blüten, die unterschiedlichste Bienen anlocken, darunter auch die oligolektische Lauch-Maskenbiene *(Hylaeus punctulatissimus)*. Auch wenn Kohl, Basilikum oder Salat schießen, profitieren die Bienen.

In einer auffallend kräftigen Farbe blühen ungeerntete Blütenstände der Artischocke. Die distelartige Pflanze aus dem Mittelmeerraum scheint eine besonders anziehende Wirkung auf Hummeln und Honigbienen zu haben. Zu mehreren drängen die Tiere sich zwischen den langen lilafarbenen Borsten einer Blüte, während sich auf den winzigen Blüten von Fenchel oder Dill meist die kleinen Maskenbienen tummeln.

Sollten Sie einen eigenen Nutzgarten besitzen oder einen Schulgarten betreuen, finden Sie in Schauabteilungen von botanischen Gärten einige Anregungen zum Pflanzen, Ernten, Stehen- oder Blühenlassen unterschiedlicher Gemüsearten und -sorten. So oder so bereichern Sie durch den Eigenanbau von Kulturpflanzen, die weder gespritzt noch über weite Wege herbeigeschafft wurden, nicht nur Ihre Küche, sondern auch das Nahrungsangebot für die Bienen. Ebenfalls interessant für die emsigen Blütenbesucher können Heil- und Gewürzkräuter in Beeten, Balkonkästen oder Blumenkübeln sein. Schauen Sie sich im botanischen Garten Ihrer Stadt einmal nach blühendem Salbei, Thymian, Lavendel, Oregano und Currykraut und deren Blütenbesuchern um.

Auch die kleinen Schmalbienen gelangen über die durch den Nektarraub der Hummeln entstandenen Löcher an den Blütensaft der Feuerbohnen.

Kommt der Küchenlauch im zweiten Jahr zur Blüte, ist er in der Küche zwar nicht mehr verwendbar, doch können Sie nach der Blüte reichlich Samen für den Anbau neuer Pflanzen im Folgejahr ernten.

Lässt man Blumenkohl über den eigentlichen Erntezeitpunkt hinaus im Garten wachsen, fängt der Kreuzblütler an zu blühen.

Auch die vielen gelben Blüten geschossener Brokkoli-Pflanzen sind bei Bienen hochbegehrt.

Ab dem zweiten Jahr erscheinen die großen Blütenstände der Artischocke. Sie sind nicht nur äußerst dekorativ, sondern bieten auch den Bienen reichlich Nektar.

EXKURSIONSTIPP

Ort:
ungemähte Weg- und Gewässerränder, Industrie- und Gewerbebrachen, stillgelegte Güterbahnhöfe

Mögliche Bienenbeobachtungen:
Gewöhnliche Wespenbienen, Gewöhnliche Bindensandbienen, Buckel-, Rainfarn- und Filzbindige Seidenbienen, Rainfarn-Maskenbienen, Auen-Schenkelbienen, Dunkelfransige Hosenbienen, Luzerne-Sägehornbienen, Natternkopf-Mauerbienen etc.

Geeignete Jahreszeit:
Juli bis September

Wilde Wildbienenlebensräume

Eine herausragende Bedeutung für Wildbienen und allerhand andere Tier- und Pflanzenarten besitzen in Städten vor allem die wilden Standorte. Dazu zählen extensiv gepflegte Weg- und Gewässerränder, Bahndämme, stillgelegte Güterbahnhöfe, Industrie- und Gewerbebrachen und viele weitere Ruderalflächen. Welche Wildbienenfauna an diesen Orten zu beobachten ist, hängt stark von den jeweiligen Störungen, Bodenarten und den damit verbundenen Feuchte- und Nährstoffverhältnissen sowie den dort spontan (also ohne menschliches Zutun) aufwachsenden Pflanzenarten ab.

Urbienen mit gespaltener Zunge: Seiden- und Maskenbienen

Auf den frischen, nährstoffreichen Ruderalflächen der Stadt können Sie oftmals den gelb blühenden Rainfarn *(Tanacetum vulgare)*, der mancherorts auch Wurmkraut genannt wird, antreffen. Diese Charakterart der ausdauernden Ruderalfluren wächst ebenso häufig und gesellig an extensiv gepflegten Weg- und Gewässerrändern. Auf den gelben, knopfartigen Blüten des Rainfarns scharen sich neben Pollengeneralisten auch zahlreiche Spezialisten, zum Beispiel Seidenbienen. Die Tiere tragen am Hinterleib helle Haarbinden und sind an Kopf und Brust hellbraun behaart. Sie sind maximal 1 cm lang und passen so gerade auf einen Blütenkopf der Pflanze: Es sind Buckel-, Filzbindige sowie Rainfarn-Seidenbienen *(Colletes daviesanus, C. fodiens, C. similis)*. Sie allesamt sind auf Korbblütler spezialisiert und nutzen vorwiegend Rainfarn als Pollenquelle. Ihre Nester bauen die Seidenbienen bevorzugt in sandigem Substrat, also auch an den gut besonnten Offenbodenstandorten einiger Brachen sowie an Dämmen und schütter bewachsenen Böschungen. Mit dem bloßen Auge sind die drei nah verwandten Arten selbst von erfahrenen Bienenkennern nicht zu unterscheiden, vor allem dann, wenn durch Sonne, Wind und Wetter die Behaarung von Kopf, Brust und Hinterleib ausgeblichen ist und größtenteils abgerieben wurde. Die Buckel-Seidenbiene ist in vielen Städten die häufigste der auf Rainfarn anzutreffenden Seidenbienen. Im Hochsommer können Sie diese Art auch in den etwas wilderen, mit Rainfarn bewachsenen Ecken im eigenen Garten beobachten.

Wenn Sie die Rainfarnbestände Ihrer Stadt intensiv absuchen, können Sie neben den oligolektischen Seidenbienen auch männliche und weibliche Maskenbienen, unter anderem Rainfarn-Maskenbienen *(Hylaeus nigritus)*, auffinden. Diese ebenfalls auf Korbblütler spezialisierten Bienen besuchen auf blütenreichen Wegböschungen neben Rainfarn auch Schafgarbe *(Achillea millefolium)* und Flockenblume (*Centaurea* spp.). Wie alle anderen Maskenbienen sind sie winzig, kaum behaart und überwiegend schwarz gefärbt. Die untere Gesichtshälfte der Männchen ist weiß oder gelb gezeichnet, und es scheint so, als trügen diese unauffälligen Bienen eine Maske. Den Weibchen fehlt die ausgeprägte Gesichtszeichnung, sie besitzen nahe der Komplexaugen lediglich zwei kleine, wie Tränen anmutende Flecken.

Im Juli blühen an manchen ungemähten Wegrändern neben Wilder Möhre *(Daucus carota)* und Jakobs-Kreuzkraut *(Senecio jacobaea)* viele weitere Wildbienen-Futterpflanzen.

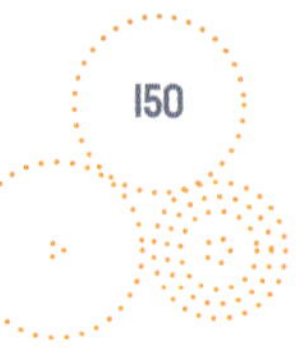

Sowohl Masken- als auch Seidenbienen wurden ehemals als Urbienen bezeichnet, denn beide Gattungen besitzen ein sogenanntes ursprüngliches Merkmal: Ihre Zunge ist vergleichsweise kurz und zweigelappt. Dieses Merkmal teilen sich Seiden- und Maskenbienen in Mitteleuropa mit keiner weiteren Bienengattung, sondern lediglich mit den Grabwespen.

Ölblumen und Öl sammelnde Bienen

Verlassen Sie bei Ihren Spaziergängen gelegentlich die Wege und inspizieren Sie vorsichtig auch Blütenpflanzen und Tiere unmittelbar an den ungemähten Rändern von kleinen und großen Gewässern wie Gräben, Kanälen, Bächen, Flüssen, Tümpeln oder Regenrückhaltebecken. Die dort wachsenden Uferpflanzen sind an feucht-nasse Standortverhältnisse angepasst, blühen oft üppig und locken ebenfalls zahlreiche Blütenbesucher an. Die rotvioletten Blüten der Schmalblättrigen und Zottigen Weidenröschen *(Epilobium angustifolium, E. hirsutum)* und des Gewöhnlichen Blutweiderichs *(Lythrum salicaria)* werden reichlich von Honigbienen, Hummeln und anderen Bienen besucht.

Nicht ganz so groß ist das Fluggeschehen am gelb blühenden Gewöhnlichen Gilbweiderich *(Lysimachia vulgaris)*. Neben einigen Schwebfliegen sind hier lediglich kleine schwarze Bienen mit schmalen weißen Hinterleibsbinden anzutreffen.

Es sind Auen-Schenkelbienen *(Macropis europaea)*, die unmittelbar auf das Vorkommen des Gilbweiderichs angewiesen sind. So sammeln die oligolektischen Bienen an der Uferpflanze nicht nur Pollen, sondern auch Blumenöle, die anstelle des zuckerhaltigen Nektars in den Blüten produziert und dargeboten werden. In Mitteleuropa sind lediglich Gilbweidericharten als Ölproduzent und zwei Schenkelbienenarten als Ölsammlerinnen bekannt. Der in vielen Gärten als Zierpflanze vorkommende Punkt-Gilbweiderich *(Lysimachia punctata)* wird von der Auen-Schenkelbiene allerdings nur selten angeflogen, ihre Hauptpollen- und -ölquelle ist der Gewöhnliche Gilbweiderich. Beim Blütenbesuch nimmt die Biene das fette Öl nicht mit den Mundwerkzeugen, sondern mit dichten, samtartigen Haarpolstern an Vorder- und Mittelbeinen auf. Mit dem wasserabweisenden Blütenprodukt imprägniert sie zunächst die Zellwände der Brutkammern. Anschließend sammelt sie weiteres Öl, deponiert es vermischt mit Pollen in den Sammelbürsten der Hinterbeine und trägt das Ganze als Larvenproviant in die Brutzellen ein. Die Eingänge zu den unterirdisch angelegten Schenkelbienennestern sind so gut wie gar nicht aufzufinden, da sie sich meist gut versteckt unter Grasbüscheln oder anderer dichter Vegetation befinden.

Schenkelbienen sind zwar relativ unscheinbar, auffällig ist jedoch ihr Sammelverhalten: Die Weibchen strecken beim Blütenbesuch die Hinterbeine weit nach

Auf den gelben, knopfähnlichen Blüten der Rainfarnpflanzen können Sie regelmäßig oligolektische Seidenbienen entdecken.

Eine winzige Rainfarn-Maskenbiene *(Hylaeus nigritus)* macht sich groß: Das Männchen verteidigt seinen Rendezvousplatz auf einer Flockenblume gegenüber männlichen Artgenossen.

oben. Möglicherweise vermeiden sie auf diese Weise ein versehentliches Abreiben von Pollen und Öl aus den Hinterbeinen. Da auch Schenkelbienen ohne Pollen-Öl-Ladung ihre Hinterbeine in die Lüfte strecken, wird aber ebenso angenommen, dass sie mit dieser außergewöhnlichen Haltung paarungswillige Männchen abwehren. Die männlichen Artgenossen sind an einer gelblichen Gesichtszeichnung zu erkennen, die den Weibchen fehlt.

Häufig nutzen die Schenkelbienenmännchen den Gilbweiderich nicht nur als Rendezvousplatz, sondern auch als Schlafplatz. So können Sie in den kalten

Äußerst begehrt sind die rotvioletten Blüten des Schmalblättrigen Weidenröschens *(Epilobium angustifolium)* unter anderem bei den dicken Hummeln.

Der Gewöhnliche Gilbweiderich *(Lysimachia vulgaris)* ist an feucht-nasse Standorte gebunden und wächst in Feuchtwiesen, in Bruch- und Auwäldern sowie entlang diverser Gewässer – auch in der Stadt.

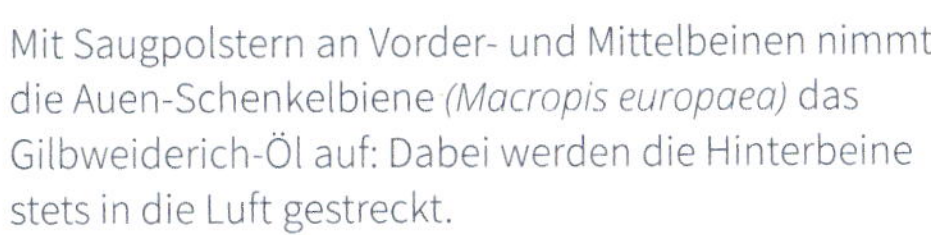

Mit Saugpolstern an Vorder- und Mittelbeinen nimmt die Auen-Schenkelbiene *(Macropis europaea)* das Gilbweiderich-Öl auf: Dabei werden die Hinterbeine stets in die Luft gestreckt.

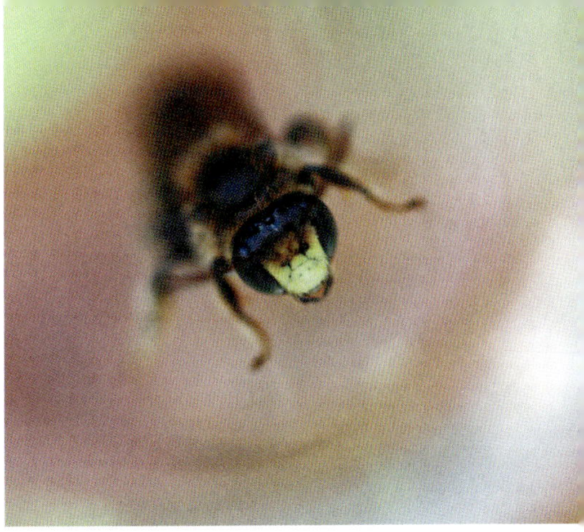

Die männlichen Auen-Schenkelbienen *(Macropis europaea)* sind anhand ihrer gelben Gesichtszeichnung zu erkennen.

Morgenstunden oder an regnerischen Tagen in manchen Gilbweiderichbeständen mehrere völlig regungslose Individuen erkennen, die sich mit ihren Mandibeln an Blüten, Stängeln oder Blättern festklammern. Beine und Flügel wurden eng an den Körper angelegt, und die Tiere scheinen nicht mehr am Leben zu sein. Jedoch setzen die kleinen Geschöpfe, wie von den Toten erweckt, ihr buntes Treiben fort, sobald die ersten Sonnenstrahlen die Luft etwas erwärmen. Da die Gilbweiderichblüten keinen Nektar enthalten, besuchen sowohl Männchen als auch Weibchen zum Energietanken regelmäßig Blüten von Blutweiderich, Disteln und anderen nektarproduzierenden Uferpflanzen.

Sandbienen an sandigen Böschungen

Inspizieren Sie in Ihrer Stadt neben den frischen und feuchten Wildkrautfluren auch einmal das andere Extrem, nämlich trockene, sandgeprägte Ruderalflächen. Da Sandböden weder Wasser noch Nährstoffe gut speichern können, handelt es sich oftmals um ausgesprochen karge Lebensräume, die von Pflanzen- und Tierarten ein hohes Maß an Anpassung erfordern. Solche Bedingungen können Sie zum Beispiel schon in den höher liegenden Uferbereichen sandgeprägter Tieflandflüsse und -bäche vorfinden. Dort bieten sandige Wegränder, Waldböschungen und Dämme sandliebenden und anderen unterirdisch nistenden Bienen eine geeignete Niststätte. Wenn Sie die schütter bewachsenen Bodenstellen nach den charakteristischen Häufchen und Nesteingängen der Bienen absuchen, können Sie regelmäßig Wespenbienen beobachten. Auf der Suche nach Nistplätzen ihrer Wirte fliegen unter anderem auffällig schwarz-gelb gestreifte Gewöhnliche Wespenbienen über offene Bodenstellen und entlang sandiger Böschungen. Wenn es Ihnen gelingt, die Kuckucksbienen zu verfolgen, stoßen Sie mit etwas Glück auch auf die Nistplätze ihrer Wirte, der Gewöhnlichen Bindensandbienen *(Andrena flavipes)*.

Die hellbraun behaarte Sandbiene mit der orangenen Sammelbehaarung an den Hinterbeinen und den cremefarbenen Haarbinden am Hinterleib ist eine bivoltine Art. Begegnen können Sie der weitverbreiteten und häufigen Biene folglich sowohl im Frühjahr als auch im Sommer. Die erste Generation der Gewöhnlichen Bindensandbiene ist bereits im April und Mai aktiv. Die Nachkommen dieser Generation entwickeln sich innerhalb weniger Wochen zu Imagines, die keine Diapause einlegen, sondern noch im selben Jahr aus den Brutzellen schlüpfen. Diese zweite Generation fliegt nun von Juni bis August. Sie können die Bienen an diversen Orten vom Flachland bis ins Gebirge beobachten. Zwar ist die Art nicht unbedingt an Sandstandorte gebunden, doch trifft man sie vermehrt auch an sandigen Böschungen, Hochwasserdämmen und Wegrändern an. Ihre Nahrung findet die ausgesprochen

An den kleinen Abbruchkanten sandiger und südlich exponierter Waldböschungen finden unter anderem Gewöhnliche Bindensandbienen *(Andrena flavipes)* einen passenden Nistplatz.

Der Weiße Steinklee *(Melilotus albus)* ist äußerst beliebt bei Gewöhnlichen Bindensandbienen *(Andrena flavipes)* und anderen Bienenarten.

SANDBIENEN

«Sämtliche Arten von *Andrena* brüten im Sand, sodass man der Gattung den deutschen Namen ‹Sandbiene› gegeben hat. […] Welcher Fleiss gehört dazu, um so und so viel Zoll Gänge in den Boden zu graben und alle die Zellen mit Futter zu versehen und wie wenig Zeit ist dem Weibchen zu dieser Arbeit vergönnt?»

Schmiedeknecht (1882)

polylektische Art meist unweit dieser Standorte. So fliegt die im Frühjahr aktive Generation oftmals auf Löwenzahn und Weiden, die Sommergeneration auf diverse Korbblütler wie Rainfarn *(Tanacetum vulgare)* und Jakobs-Kreuzkraut *(Senecio jacobaea)* sowie Schmetterlingsblütler wie Klee und Luzerne.

Gelegentlich werden die Sandbienen auch als Erdbienen bezeichnet. Schließlich bevorzugen nicht alle Arten dieser Gattung sandiges Substrat, manche nisten auch in lehmigen, lössigen oder auch humosen Böden. Eins haben jedoch alle 148 im deutschsprachigen Raum heimische Sandbienenarten gemein: Sie graben ihre Brutgänge und -zellen in die Erde.

Hosenbienen auf sandigen Brachen

Um weitere Sandlebensräume und ihre Bewohner zu erkunden, muss man nicht immer weite Wege zurücklegen, denn wir finden sie gelegentlich auch vor unserer Haustür. Zum Beispiel auf brachliegenden Hafen-, Gewerbe- oder Industriearealen, auf denen ehemals bebaute Bodenstellen zum Teil entsiegelt wurden und sich eine erste lockere Pioniervegetation ausbilden konnte.

Auf solchen entsiegelten, vegetationsarmen, sandigen Störstellen legen unter anderem Dunkelfransige Hosenbienen *(Dasypoda hirtipes)* ihre Nester an. Die solitär lebenden Bienen sind typische Sommerbienen, die von Juli bis in den September hinein unterwegs sind. Aufgrund ihrer Größe von bis zu 15 mm, einer dichten Körperbehaarung, der hellen Hinterleibsbinden und der besonders stark ausgeprägten Sammelbürste an den hinteren Tibien und Tarsen sind sie schnell auch für Laien im Freiland zu identifizieren.

Die Hosenbienen haben unter den heimischen Beinsammlerinnen wahrlich die markantesten Hosen an. Die ausgeprägte Beinbehaarung ist ihnen sowohl beim Transportieren von großen Pollenmengen als auch beim Graben der unterirdischen Nistgänge und Zellen behilflich. Zur Nestanlage bevorzugen die Bienen sandiges Substrat. Dementsprechend kann man sie vor allem in Schwemm- oder Flugsand-, aber auch in Lössgebieten antreffen.

Hat man an diesen Orten einmal das Glück, ein Weibchen beim Nestbau zu beobachten, kann man gut erkennen, wie es im Rückwärtsgang mit Vorder-, Mittel- und Hinterbeinen das locker-sandige Bodensubstrat an die Erdoberfläche befördert. Bis zu 70 cm tief reicht der Nistgang in den Boden. Im Gegensatz zu vielen anderen Bienenarten kleidet die Hosenbiene Gänge und Brutzellen nicht mit Drüsensekreten oder anderen Materialien aus. Damit der Larvenproviant dennoch vor Bodenfeuchtigkeit geschützt ist, formen die Tiere den eingetragenen Pollen zu einer charakteristischen Kugel mit drei schemelähnlichen Füßchen. Zur Verproviantierung

Dieses Weibchen der Dunkelfransigen Hosenbiene *(Dasypoda hirtipes)* hat einen optimalen Nistort gefunden und beginnt mit dem Ausschachten seines Nistganges.

Ein Hosenbienennesteingang an einer vegetationsarmen Bodenstelle auf einer Stadtbrache

Noch bietet diese sandige Stadtbrache mit ihren Offenbodenstellen und unterschiedlichen Blütenpflanzen zahlreichen Bienen Nistplatz und Nahrung.

der Zellen wird ausschließlich Pollen der Korbblütler genutzt. So können Sie Hosenbienen unter anderem auf Wegwarte *(Cichorium intybus)*, Acker-Gänsedistel *(Sonchus arvensis)*, Herbst-Löwenzahn *(Leontodon autumnalis)*, Gewöhnlichem Ferkelkraut *(Hypochaeris radicata)*, Doldigem Habichtskraut *(Hieracium umbellatum)* und Jakobs-Kreuzkraut *(Senecio jacobaea)* im 300m-Radius um ihr Nest aufspüren. Bei der Nahrungssuche sind die Weibchen an einem warmen Sommertag besonders hastig unterwegs. Sind sie auf einer Blüte gelandet, drehen sie sich flink um die eigene Achse, trinken dabei etwas Nektar, wühlen mit ihren Beinen Pollen auf, der in der dichten Behaarung haften bleibt, und begeben sich in Windeseile zur nächsten Blüte.

Der beste Zeitpunkt zum Hosenbienenbeobachten ist der Vormittag, denn viele Weibchen beenden ihre Sammeltätigkeiten bereits am Mittag. Kehren die Tiere von ihrem letzten täglichen Sammelflug zurück, schließen sie kurz darauf von innen mit einem Sandpfropfen den Nesteingang und entfernen diesen erst wieder vor dem ersten Sammelflug am Folgetag. Pro Tag wird lediglich eine Brutzelle mit Pollen versorgt und fertiggestellt. Schafft das Weibchen die Verproviantierung einer Zelle aufgrund von schlechter Witterung, mangelndem Blütenangebot oder anderen Gründen nicht innerhalb eines Tages, wird die Arbeit an dieser Brutkammer am Folgetag nicht fortgesetzt. Stattdessen beginnt es den Bau und die Versorgung einer neuen Zelle, ohne den am Vortag eingetragenen Pollenvorrat zu berücksichtigen.

Anhand ihrer schwarzbraunen Endfranse und ihrer Spezialisierung auf Korbblütler ist die Dunkelfransige Hosenbiene *(Dasypoda hirtipes)* von anderen Hosenbienenarten zu unterscheiden.

Die Blüten unterschiedlicher Korbblütler werden gelegentlich sogar von den Hosenbienenmännchen als Schlafplatz ausgewählt.

Hasenbienen am Hasen-Klee

Auf den eher nährstoffarmen Ruderalflächen der Stadt blühen im Sommer unter anderem Echter Dost *(Origanum vulgare)*, Moschus-Malve *(Malva moschata)*, Gelbe Resede *(Reseda lutea)*, Gewöhnliches Bitterkraut *(Picris hieracioides)* und Schmalblättriges Greiskraut *(Senecio inaequidens)*. Zur Flora vieler Brachen gehören zudem diverse Kleearten, darunter Hasen-Klee *(Trifolium arvense)*, Weiß-Klee *(Trifolium repens)*, Steinklee (*Melilotus* spp.) und Hopfenklee *(Medicago lupulina)*. Allesamt bilden sie eine wichtige Nektar- und Pollenquelle für unzählige Wildbienen. So sammelt unter anderem die oligolektische Luzerne-Sägehornbiene *(Melitta leporina)* an den genannten Schmetterlingsblütlern Blütenstaub, den sie mit Nektar vermischt und an den Hinterbeinen lagert. Die Wärme liebende und stets an Klee anzutreffende Bienenart wurde ehemals auch als Hasenbiene bezeichnet. Schließlich wird auch den Hasen eine besondere Vorliebe für Klee als Futterquelle nachgesagt. Vielleicht gelingt es Ihnen, eine Hasenbiene auf einer Brache am dort blühenden Hasen-Klee aufzuspüren.

Auch wenn sich der Verbreitungsschwerpunkt der unterirdisch nistenden Hasen- und Hosenbienen nicht in den Siedlungsräumen befindet, ist es dennoch dramatisch, dass ihre städtischen Sekundärlebensräume mehr und mehr schwinden. Den oben beschriebenen Brachen droht als Bauerwartungsland in vielen Städten das gleiche Schicksal, sie werden weitestgehend mit Wohn-, Gewerbe- und Industriegebäuden sowie Infrastrukturanlagen überbaut. Dort, wo vor wenigen Jahren noch Hosenbienen und Co. ihre Nester gruben und Nahrung suchten, befinden sich heute bereits asphaltierte Parkplätze und Bürogebäude mit geschotterten Vorplätzen.

Gelegentlich werden die wilden Brachen auch zu topgepflegten Grünanlagen umgestaltet. Dabei werden sandige Flächen mit nährstoffreicherem Mutterboden aufgefüllt und gärtnerisch begrünt. Damit geht der Charakter einer sandigen Brache mit einer spontan aufkommenden Vegetation und vielen offenen Bodenstellen weitestgehend verloren. Glücklicherweise bringen an manchen Stellen Maulwürfe, Kaninchen und Hunde durch Grab- und Wühlaktivitäten den Sandboden wieder zum Vorschein und geben den Wildbienen mit diesen Störstellen eine neue Chance.

Natternköpfe und Natternkopf-Mauerbienen

Der Gemeine Natternkopf *(Echium vulgare)* wächst auf solchen Ruderalstandorten, auf denen für das Gros der Pflanzen unwirtliche Lebensbedingungen herrschen. Er zählt zu den Erstbesiedlern der trockenwarmen und humusarmen Schotterflächen, zum Beispiel auf ehemaligen Bahn- und Industrieanlagen.

Die dicht behaarten, rosafarbenen Blütenköpfe des Hasen-Klees erinnern ein wenig an den Schwanz eines Hasens bzw. Kaninchens.

Mit Schotter und Rindenmulch wurden an diesem Ort sämtliche Wildbienennistplätze vernichtet.

Die zweijährige Pionierpflanze, die im ersten Jahr eine unscheinbare Blattrosette am Boden ausbildet, fällt erst im Folgejahr von Juni bis September durch ihre zahlreichen rosa-blauen Blüten auf. Sollten Sie auf einer Stadtbrache einen blühenden Natternkopf entdecken, nehmen Sie seine Blüten einmal genauer unter die Lupe. Fallen Ihnen Unterschiede zwischen frisch aufgeblühten und älteren Exemplaren auf? Aus den jungen Blüten ragen unmittelbar nach dem Aufblühen lediglich die Staubblätter aus dem Kelch heraus. Von den Bienen werden sie bevorzugt als Landestation genutzt. Dabei wird der Pollen bei den Bauchsammlerinnen sogar unmittelbar aus den Staubblättern in die Pollenbürste übertragen, ohne dass die Tiere mit dem Griffel in Kontakt kommen. Dieser liegt anfangs im Blütenkelch des Natternkopfs verborgen; erst mit der Zeit wächst er in die Länge und überragt schließlich den Blütenrand sowie die abgeernteten Staubblätter. Ältere Blüten des Gewöhnlichen Natternkopfs erinnern durch den weit herausragenden gespaltenen Griffel an eine Natter mit herausgestreckter Zunge.

Der Gemeine Natternkopf *(Echium vulgare)* ist auch für Hummeln eine wichtige Nektar- und Pollenpflanze. Hier fliegt eine Ackerhummel *(Bombus pascuorum)* die blauen Blüten an.

Links: Eine junge Natternkopfblüte, bei der lediglich die Staubgefäße zu sehen sind. Rechts: Eine ältere Blüte mit weit herausragendem Griffel.

Die zweijährige Pflanze ist bei den Bienen eine durchaus beliebte Futterquelle. Sie wird nicht nur von den winzigen Maskenbienen, sondern ebenso von den dicken Hummeln besucht. Letztere fliegen in ausgedehnten Natternkopfbeständen des Öfteren mit prallen, graublau gefärbten Höschen umher. Für die Natternkopf-Mauerbiene *(Osmia adunca)* ist der Gewöhnliche Natternkopf sogar die alleinige Nahrungsquelle. Diese Bienen haben sich vielerorts an das nur alle zwei Jahre auftretende Blütenangebot ihrer Nahrungspflanze angepasst, indem bis zu 60 % der Nachkommen zwei Winter ohne Aktivität in der Brutzelle überdauern. Geeignete Nistplätze findet die 1 cm große Biene in verlassenen Käferfraßgängen in Totholz oder in hohlen Pflanzenstängeln und angebohrtem Holz in Nisthilfen. Diese Strukturen findet sie in der unmittelbaren Umgebung auf älteren Brachen mit Gehölzaufwuchs und an Waldrändern.

Neue Chance für die Natur in der Stadt

In den Siedlungsräumen können sandgeprägte, trockene und magere Ruderalflächen die artenreichsten Wildbienenlebensräume darstellen. Neben den spezialisierten und vielerorts gefährdeten Natternkopf-Mauerbienen, Luzerne-Sägehornbienen und Dunkelfransigen Hosenbienen finden viele weitere Bienenarten hier sowohl einen geeigneten Nistplatz als auch reichlich Nahrung. Doch schwinden die artenreichen Lebensräume in vielen Städten durch einen starken Raumnutzungsdruck, einen hohen Nährstoffeintrag und einen übersteigerten Ordnungssinn vieler Bürger. Anstatt die wilden Ecken mit ihrer spontan aufgewachsenen Vegetation und ihren schütteren Bodenstellen als störend zu empfinden, sollten wir diese Orte viel mehr als neue Chance für die Natur in unserer Stadt wahrnehmen und vor allem nährstoffarme Standorte entsprechend bewahren.

Reichlich Nahrung finden Luzerne-Sägehornbiene *(Melitta leporina)* und Natternkopf-Mauerbiene *(Osmia adunca)* im Sommer auf wildblumenreichen Stadtbrachen.

Auf den Spuren einer Neubürgerin

EXKURSIONSTIPP

Ort:
ältere, blühende Efeubestände

Mögliche Bienenbeobachtungen:
Efeu-Seidenbienen und diverse Hummelköniginnen

Geeignete Jahreszeit:
Mitte September bis Oktober

Mitte September ist die Flugzeit der meisten Bienen bereits vorüber, die Temperaturen sind deutlich niedriger und zahlreiche Nektarquellen längst versiegt. Eine der wenigen Trachtquellen, die nun noch Honig- und Wildbienen sowie andere geflügelte Insekten anlocken, ist der Efeu *(Hedera helix)*. In zahlreichen Städten wächst die immergrüne Kletterpflanze an Bäumen, Mauern und Gebäuden mit ihren Haftwurzeln empor. Ihre kleinen Einzelblüten sind grün-gelb, eher unscheinbar und zu mehreren in einer Dolde angeordnet. Zur Blüte kommen die Pflanzen erst ab einem Alter von 8 Jahren, jedoch können sie bis zu 400 Jahre alt und vermutlich noch älter werden.

An sonnigen, windarmen Herbsttagen summt und brummt es in der Stadt nirgendwo lauter als an diesen immergrünen Kletterpflanzen. Die einzelnen Efeublüten sondern reichlich Nektar ab. Mit der Lupe können Sie die im Sonnenlicht glänzende Flüssigkeit zwischen Griffel und Staubblättern gut sehen. Der Nektar liegt offen und kann von sämtlichen Insekten gesammelt werden. Das Summen im Efeustrauch stammt unter anderem von Mistbienen (Eristalinae), Hummelschwebfliegen (*Volucella* spp.), den besonders imposanten Hornissenschwebfliegen *(Volucella zonaria)* und vielen anderen Zweiflüglern, die mit ihren tupfenden Mundwerkzeugen an den Blüten zugange sind.

Auch Faltenwespen summen durch das dichte Blattwerk der Kletterpflanzen. Während einige genüsslich Nektar trinken, machen andere Jagd auf unachtsame Blütenbesucher – der Tisch ist in jedem Fall reich gedeckt. Vollkommen geräuschlos flattern Tagpfauenauge *(Aglais io)* und Admiral *(Vanessa atalanta)* zwischen den Blütendolden umher und nehmen den süßen Blütensaft mit ihrem langen Rüssel auf.

Die letzten Tätigkeiten im Außendienst in diesem Jahr nehmen viele Hundert Honigbienenarbeiterinnen wahr. Sie stecken nun noch sämtliche Energie in das Auffüllen des Honigvorrats, damit Königin und Volk den bevorstehenden Winter gut überstehen. Die Efeutriebe sind voll von den Bienen.

Die Blütenstände der immergrünen Efeu-Kletterpflanzen sind nicht besonders auffällig und dennoch locken sie im Herbst unzählige Insekten an.

allem in Färbung und
ße sehen Hornissen-
webfliegen *(Volucella
aria)* den Hornissen
lüffend ähnlich.

Der Admiral, vielerorts ein Wanderfalter, stärkt sich am Efeu-Nektar, bevor er zur Reise gegen Süden aufbricht.

Die Efeu-Seidenbienen *(Colletes hederae)* besitzen helle Haarbind am Hinterleib und sind nur etwas kleiner als Honigbienen. Am auffälligsten ist aber wohl ih Spezialisierung auf Efeupollen.

Die Erfolgsgeschichte der Efeu-Seidenbiene

Unter all den Blütenbesuchern hält sich in einigen Städten auch eine Bienenart auf, die voll und ganz auf Efeu-Pollen spezialisiert ist, nämlich die Efeu-Seidenbiene *(Colletes hederae)*. Sie ist kaum kleiner als die Honigbienenarbeiterinnen, Kopf und Brust sind hellbraun behaart, und ihr Hinterleib ist mit hellen Haarbinden ausgestattet.

Im Aussehen ähnelt sie stark den Strandaster- und Heidekraut-Seidenbienen *(Colletes halophilus, C. succinctus)*. Trotz unterschiedlicher Nahrungsquellen wurde die Efeu-Seidenbiene lange Zeit mit diesen auf Korbblütler und Heidekraut spezialisierten Seidenbienen verwechselt. Erst jüngst fiel Entomologen bei intensiveren Untersuchungen auf, dass es sich bei der Efeu-Besucherin um eine bisher unbekannte Art handelte. 1993 wurde die Efeu-Seidenbiene ein erstes Mal beschrieben und benannt. Bekannt war die neue Bienenart zunächst nur aus der Oberrheinebene in Baden-Württemberg, doch schreibt sie seit geraumer Zeit Erfolgsgeschichte. Während das Gros der Wildbienen einen dramatischen Rückgang erfährt, breitet sich die Efeu-Seidenbiene immer weiter aus. 2003 wies man sie erstmals in Bayern, 2006 in Wien und in der Nordschweiz, 2007 in Hessen, 2008 in Nordrhein-Westfalen und 2010 mit Einzelexemplaren bei Göttingen in Niedersachsen nach. 2016 konnten wir im Rahmen unserer Untersuchungen Dutzende weibliche und männliche Tiere im Stadtgebiet von Osnabrück auffinden. Das Vorkommen der Efeuspezialistin in der niedersächsischen Stadt war bis dato der nördlichste Fundort der Art in Deutschland. Auch aktuell fehlen noch Nachweise der Art im äußersten Norden und Osten der Bundesrepublik sowie in weiten Bereichen der Schweiz und Österreichs. Sollten Sie im September oder Oktober fernab des bisher bekannten Verbreitungsgebiets unterwegs sein, lohnt es sich, dort Ausschau nach

der Neubürgerin zu halten. Möglicherweise hat die Biene sich längst weiter ausgebreitet, jedoch fehlen Fachleute, die mit entsprechender Erfahrung die einzelnen Bienenarten erkennen und sicher bestimmen können. Vielleicht erbringen Sie ja bald schon den nördlichsten oder östlichsten Nachweis dieser Art.

Alternative Futterquellen

Der Wärme liebenden Neubürgerin können Sie im Herbst überall dort, wo Efeu blüht, auf die Spur gehen, am besten ab den frühen Mittagsstunden. In manchen Jahren kann es durchaus vorkommen, dass Bienenweibchen bereits mit der Verproviantierung ihrer Brutzellen beginnen, obwohl die Efeublüten noch geschlossen sind. Als Nahrungsquellen suchen die sonst oligolektischen Bienen dann Herbstzeitlose *(Colchicum autumnale)* oder auch Goldrute (*Solidago* spp.) zur Pollenernte auf. Sie beachten diese aber nicht mehr, sobald ihnen ihre Hauptpollenquelle zur Verfügung steht. Nistplätze der Efeu-Seidenbiene konnten wir im Rahmen unserer Untersuchungen in Osnabrück bisher nicht nachweisen. Ihre Nester gräbt die Art an schütter bewachsenen, horizontalen, aber auch vertikalen Flächen bevorzugt in Löss- oder Sandböden. In Süddeutschland und in der Schweiz wies man die Efeu-Seidenbiene unter anderem in Sandkästen auf Spielplätzen und in Kindergärten nach. Kinder und Bienenweibchen leben dort Jahr für Jahr friedlich nebeneinander.

Vorbereitungen für den Winter

Im Herbst sind auch die dicken Jungköniginnen von Erd-, Stein- und Baumhummeln am Efeu zu beobachten. Sie allesamt stärken sich noch ein letztes Mal vor Einbruch der kalten und blütenlosen Jahreszeit. Kurz darauf begeben sich die begatteten Tiere auf die Suche nach einem Überwinterungsort. Da Hummeln kein großes Talent zum Graben haben, wählen sie bereits vorhandene und geschützte Orte wie verlassene Mäusegänge und -bauten oder lockeren Boden im Wurzelbereich von Gehölzen, Moosschichten, Kompost- und Laubhaufen. Besonders späte Flieger unter den Hummeln sind die Ackerhummeln *(Bombus pascuorum)*.

Arbeiterinnen, Königinnen und Drohnen können Sie bis in den Oktober hinein noch an vielen Orten in den mitteleuropäischen Städten entdecken. Wenn die jungen Ackerhummelköniginnen Ende Oktober bzw. Anfang November in ihr Winterversteck verschwinden, ist die Wildbienensaison in der Stadt in jedem Fall beendet.

Je nach Art verweilen die begatteten Königinnen sieben Monate oder länger in ihren Überwinterungsverstecken. Um nicht zu erfrieren, produzieren sie das Frostschutzmittel Glycerol. Der Boden in ihrem unmittelbaren Umfeld bleibt

Die Höschen dieser Ackerhummelarbeiterin *(Bombus pascuorum)* sind bereits prall mit Efeu-Pollen beladen.

hierdurch bis zu einer Temperatur von weniger als –10 °C aufgetaut. Dennoch ist die Überlebensrate der Königinnen in Winterstarre durch Schimmelpilzbefall, Parasiten etc. mit 10 bis 20 % sehr gering. Wie zu Beginn des Kapitels deutlich wurde, können Sie diesen Jungköniginnen mit Schneeglöckchen, Krokus, Blaustern, Lerchensporn und anderen Frühblühern den Start in die neue Saison versüßen. Im Herbst ist die beste Pflanzzeit für die Frühblüher. Bereiten auch Sie Ihren Garten bereits auf die nächste Bienensaison vor und pflanzen Sie einige Frühjahrsgeophyten.

Verwendete Quellen

Amiet & Krebs (2012); Bellmann (2010); Bischoff (1996); Flügel (2013); Fuhrmann (2007); Fuhrmann (2009); Goulson (2014); Haeseler (1982); Heß (1983); Jacobi (1997); Jacobi et al. (2015); Koch & Stevenson (2017); Krahnstöver & Polaczek (2017); Millet et al. (2016); NABU Niedersachsen (2016); Peeters et al. (2004); Peeters et al. (2012); Peisl (1999); Quest (2000); Scheuchl & Willner (2016); Schmidt & Westrich (1993); Schmiedeknecht (1882); Schwarzer (2017); von Hagen & Aichhorn (2014); Westrich (1989); Westrich (1990); Westrich (2008); Westrich (2014); Westrich (2018); Wiesbauer (2017); Witt (2009); Witt (2016); Witt (2017); Witte & Seger (1999); Zander et al. (2001); Zucchi (1993); Zucchi (1996); Zurbuchen & Müller (2012); www.iucnredlist.org; www.wildbienen.de; www.wildbienen.info

Helfen Sie mit! Schaffen Sie Nistplätze und Nahrung, damit sich die kleinen Summer bei Ihnen auf dem Balkon, im Garten oder auf dem Schulgelände wohlfühlen.

WILDBIENEN SCHÜTZEN IN DER STADT

Bald sind es 30 Jahre her, dass die große Konferenz der Vereinten Nationen für Umwelt und Entwicklung (UNCED) in Rio de Janeiro stattgefunden hat. Und ein fantastisches Ergebnis hat sie erbracht: das Übereinkommen über die biologische Vielfalt (Convention on Biological Diversity CBD), welches dem Schutz und der nachhaltigen Nutzung der Tiere, Pflanzen, Pilze und Mikroorganismen, ihrer genetischen Vielfalt und ihrer Lebensräume dienen soll. Über 190 Staaten sind dem Übereinkommen aus dem Jahr 1992 beigetreten, so auch Deutschland, welches es 1993 ratifiziert hat. Im Jahr 2007 ist dann die 178 Seiten lange Nationale Strategie zur biologischen Vielfalt vom Bundeskabinett beschlossen worden. Ein weiter und langer Weg von Rio nach Deutschland also. Damit aber das, was auf sehr viel Papier nachzulesen ist, mit Leben erfüllt und für Wildbienen förderlich wird, sind zahlreiche Aktivitäten und Maßnahmen nötig. Dabei ist Eile geboten, denn nach dem im Jahr 2019 vorgelegten Bericht des Weltbiodiversitätsrates (IPBES) steht es nicht gut um die biologische Vielfalt der Erde.

Gemeinsam Städte bienenfreundlich gestalten

Prüfen Sie einmal zusammen mit Ihrer Familie, Ihren Freunden oder mit Gruppen aus Kita oder Schule Garten, Schulhof und Kitagelände bezüglich Bienenfreundlichkeit. Finden Sie heraus, ob diese Orte verschiedenen Wildbienenarten eine geeignete Futterquelle oder einen passenden Nistplatz bieten. Vielleicht entdecken Sie ja sogar ein bisher unbemerktes Wildbienenvorkommen zwischen den Pflasterfugen auf dem Pausenhof, an schütter bewachsenen Bodenstellen auf dem Bolzplatz oder im abgestorbenen Baum auf der Obstwiese. Sollte es noch an bienenfreundlichen Strukturen fehlen, schaffen Sie bei einer gemeinsamen Aktion mehr Bienenfutter und -wohnorte im Garten, auf dem Schulhof oder auf dem Kitagelände. Helfen Sie mit, unsere Städte bienenfreundlicher zu gestalten, damit sich auch nachfolgende Generationen an der Wildbienenvielfalt erfreuen und weiterhin viel Obst und Gemüse essen können.

Jeder Einzelne und jede Gruppe kann auf sehr vielfältige Art und Weise zum Schutz der Wildbienen beitragen. An erster Stelle steht natürlich die Sicherung vorhandener Wildbienenvorkommen. Auf Düngemittel sollte im Garten und auf Grünanlagen weitestgehend verzichtet werden, um ein Zuwachsen von nährstoffarmen Offenbodenstellen sowie die Dominanz von schnellwüchsigen Hochleistungsgräsern oder nährstoffliebenden Kräutern, sogenannten Nitrophyten, zu vermeiden. Da viele Böden bereits mit Nährstoffen überfrachtet sind, wachsen hier nur noch Nährstoffzeiger wie die Große Brennnessel *(Urtica dioica)*, der Gewöhnliche Löwenzahn (*Taraxacum* sect. *Ruderalia*), der Wiesen-Sauerampfer *(Rumex acetosa)*, der Wiesen-Bärenklau *(Heracleum sphondylium)* und wenige andere Arten, oft in großen Beständen dicht an dicht. Ebenfalls tabu in bienenfreundlichen Gärten sollte der Einsatz von Pestiziden wie Insektiziden, Fungiziden oder Herbiziden sein. Sie vernichten die natürlichen Nahrungsquellen und wirken oftmals auch unmittelbar toxisch auf Honig- und Wildbienen oder entfalten langfristig eine negative Wirkung.

Mehr Futter für Wildbienen

Damit sich oligolektische und polylektische Wildbienen bei Ihnen zu Hause, auf dem Schul- oder Kitagelände wohlfühlen, brauchen sie von Februar bis Oktober ein vielfältiges Blütenangebot. Spontan aufwachsende und blütenreiche Wildkräuter in Pflasterritzen oder Gartenecken, entlang von Gewässern, Mauern, Hecken oder unter Bäumen sollten als natürliche Wildbienen-Futterquelle geschätzt werden. Auf gefüllte oder sterile Zierpflanzen sollte man eher verzichten und den Tieren mit zahlreichen Wild- und Kulturpflanzen unterschiedlicher einheimischer Pflanzenfamilien zusätzliche Nahrungsquellen bieten. Für Blühmischungen gilt jedoch dasselbe wie für Insektennisthilfen: Nicht jedes im Baumarkt, Gartencenter oder Onlineversand angebotene Saatgut ist für Wildbienen von großem Nutzen. Dies trifft leider auch dann zu, wenn es explizit als bienenfreundlich deklariert wird. Überraschend ist vor allem, dass selbst pollenlose Sonnenblumen oder gefüllte Zierpflanzen ein vermeintlich bienenfreundliches Siegel tragen. Viele dieser Saatgutpäckchen enthalten fremdländische Pflanzen, die allesamt zwar noch im Jahr der Aussaat blühen und durch ihre Farbenpracht attraktiv wirken, doch profitiert, wenn überhaupt, nur ein minimales Artenspektrum von den exotischen Nektar- und Pollenquellen. Als ausgesprochene Generalisten fliegen Honigbienen und einige Hummelarten zum Beispiel auf die in Blühmischungen beliebte, aus Nordamerika stammende Rainfarn-Phazelie *(Phacelia tanacetifolia)*, die auch Büschelschön oder Bienenfreund genannt wird. Hoch spezialisierte Wildbienenarten werden an dieser Pflanze jedoch nicht zu beobachten sein. Um solche Fehleinkäufe aus dem Baumarkt oder Gartencenter zu vermeiden und einen guten Beitrag zum Schutz der Bienenvielfalt leisten zu können, ist es folglich wichtig, auch die heimische Pflanzenwelt näher kennenzulernen.

Einige Beispiele von geeigneten Gehölzen, Stauden sowie ein- und zweijährigen Pflanzen für Freiflächen, Beete oder Blumenkübel finden Sie nachfolgend.

Hier wurden Nistplatz und Nahrungsfläche in unmittelbarer Nähe zueinander geschaffen: ein wildblumenreicher Saum aus einheimischen Pflanzen unmittelbar neben einer sandigen Böschung.

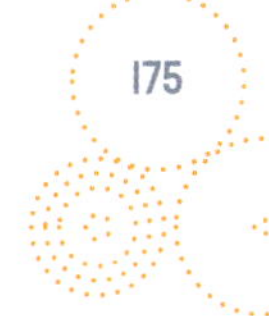

Bäume und Sträucher

- Diverse Ahornarten (*Acer* spp.)
- Kornelkirsche *(Cornus mas)*
- Weißdorn (*Crataegus* spp.)
- Schlehdorn *(Prunus spinosa)*
- Faulbaum *(Rhamnus frangula)*
- Ungefüllte Rosen (*Rosa* spp.)
- Diverse Weidenarten (*Salix* spp.)
- Winter-Linde *(Tilia cordata)*
- Sommer-Linde *(Tilia platyphyllos)*
- Gewöhnlicher Schneeball *(Viburnum opulus)*

Blütengehölze bilden von Februar bis Juni eine wichtige Nahrungsquelle für Wildbienen. Früh im Jahr fallen in einigen Kleingärten, Parkanlagen und Hecken die leuchtend gelben Forsythien ins Auge. Bei vielen Menschen sind die Sträucher sehr beliebt und gelten als Boten des Frühlings. Ihre attraktiven Blüten sind jedoch steril und bieten Bienen und anderen Insekten weder Nektar noch Pollen. Die bienenfreundliche Alternative für das gelb blühende Gehölz wären unter anderem Kornelkirschen. Im Herbst bieten die reifen Früchte des Strauchs außerdem wertvolles Futter für zahlreiche Singvögel der Stadt.

Die Kornelkirsche *(Cornus mas)* ist eines der ersten Gehölze, die zu Jahresbeginn blühen. Ihre gelben Blüten erscheinen im März, manchmal sogar schon im Februar.

Mit der Pflanzung vor allem männlicher Weiden helfen Sie den Weiden-Spezialisten sowie weiteren Frühjahrsbienen. Kinderleicht und kostengünstig vermehren lassen sich die pollenreichen Bienenweiden durch Stecklinge. Mit ihnen können Sie zudem lebendige Zäune, Tunnel, Tipis und vieles mehr gestalten.

Obstgehölze

- Kultur-Apfel *(Malus domestica)*
- Süßkirsche *(Prunus avium)*
- Sauerkirsche *(Prunus cerasus)*
- Kultur-Pflaume *(Prunus domestica)*
- Kultur-Birne *(Pyrus domestica)*
- Himbeere *(Rubus idaeus)*
- Rote Johannisbeere *(Ribes rubrum)*
- Stachelbeere *(Ribes uva-crispa)*
- Brombeere (*Rubus* sect. *Rubus*)
- Heidelbeere *(Vaccinium myrtillus)*

Die Blüten von Obstbäumen und -sträuchern werden besonders häufig von Hummeln, Mauer- und Sandbienen besucht. Sollten Sie eine neue Obstwiese anlegen, pflanzen Sie möglichst verschiedene Obstarten und -sorten, die mit ihren unterschiedlichen Blütezeiten den Bienen besonders lange Nektar und Pollen bieten. Wichtig ist ebenso das Blütenangebot unter den Obstgehölzen. Bestenfalls sollte sich hier eine Blumenwiese entwickeln, damit den Bienen auch nach Ende der Obstblüte genügend Nahrung zur Verfügung steht. Abgestorbene Obstbäume oder Äste sollten möglichst in der Fläche verbleiben, an einem sonnigen Ort zu einem Holzstapel aufgetürmt oder zu einer Nisthilfe verarbeitet werden.

Abgestorbene Obstbäume bieten den Bienen zwar keine Nahrung mehr, dafür aber reichlich Nistplätze.

Blumenwiesen und Rasenflächen

- Gewöhnliche Schafgarbe *(Achillea millefolium)*
- Kriech-Günsel *(Ajuga reptans)*
- Nesselblättrige Glockenblume *(Campanula trachelium)*
- Wiesen-Schaumkraut *(Cardamine pratensis)*
- Wiesen-Flockenblume *(Centaurea jacea)*
- Skabiosen-Flockenblume *(Centaurea scabiosa)*
- Wilde Möhre *(Daucus carota)*
- Wiesen-Bärenklau *(Heracleum sphondylium)*
- Ferkelkraut *(Hypochaeris radicata)*
- Wiesen-Witwenblume *(Knautia arvensis)*
- Wiesen-Margerite *(Leucanthemum vulgare)*
- Gewöhnlicher Hornklee *(Lotus corniculatus)*
- Moschus-Malve *(Malva moschata)*
- Wilde Malve *(Malva sylvestris)*
- Gewöhnliche Braunelle *(Prunella vulgaris)*
- Scharfer Hahnenfuß *(Ranunculus acris)*
- Herbst-Löwenzahn *(Leontodon autumnalis)*
- Rainfarn *(Tanacetum vulgare)*
- Rot-Klee *(Trifolium pratense)*

Einen besonders reich gedeckten Tisch können wir den Wildbienen bieten, wenn ein einheitlich grüner Zierrasen in eine bunte und mehrjährige Blühfläche umgewandelt und höchstens zweimal pro Jahr gemäht wird. Für die Anlage einer solchen Wiese sollte ausschließlich auf gebietseigenes Saatgut zurückgegriffen werden. Besonders geeignet sind in Deutschland zum Beispiel Wildblumenmischungen von Rieger-Hofmann oder Saaten Zeller. Die unterschiedlichen Wildblumenmischungen der beiden Regiosaatguthersteller enthalten in der Regel wenige (eher konkurrenzschwache) Gräser sowie zahlreiche ein-, zwei- und mehrjährige Wildblumen. Eine ausführliche Aussaat- und Pflegeanleitung für eine Wildblumenwiese erhalten Sie unter anderem auf den Internetseiten der Saatgutproduzenten.

Wer trotz allem auf den gepflegten Rasen nicht verzichten mag, kann beim Rasenmähen runde oder ovale, kleine und große Inseln mit blühendem Klee, Hahnenfuß etc. stehen lassen.

An Stellen mit reichlich Hornklee findet unter anderem die oligolektische Platterbsen-Mörtelbiene *(Megachile ericetorum)* passende Nahrung.

Ein- und zweijährige Blumen

- Acker-Hundskamille *(Anthemis arvensis)*
- Kornblume *(Centaurea cyanus)*
- Gewöhnliche Kratzdistel *(Cirsium vulgare)*
- Gewöhnlicher Natternkopf *(Echium vulgare)*
- Schöterich (*Erysimum* spp.)
- Nachtviole *(Hesperis matronalis)*
- Einjähriges Silberblatt *(Lunaria annua)*
- Echte Kamille *(Matricaria chamomilla)*
- Klatschmohn *(Papaver rhoeas)*
- Weiße Resede *(Reseda alba)*
- Garten-Resede *(Reseda odorata)*
- Großblütige Königskerze *(Verbascum densiflorum)*

Vor allem im Sommer wird die Nahrung für Bienen knapp. Helfen können wir dann mit zahlreichen ein- und zweijährigen Pflanzen in Beeten, Blumenkübeln oder Balkonkästen.

Abgestorbene Pflanzenstängel von Königskerze und Kratzdistel dienen einigen Maskenbienen als Nistplatz. Nach der Samenreife können die Stängel über dem Boden abgeschnitten und als Nisthilfe zum Beispiel senkrecht an einen Gartenzaun gebunden werden (siehe Seite 190 f.).

Die Gelbe Resede *(Reseda lutea)* wächst, wie in diesem Fall, nicht nur wild auf Brachen, sondern kann auch in Balkonkästen und Pflanzenkübeln gepflanzt bzw. gesät werden.

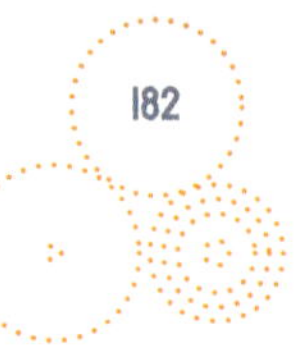

Mehrjährige Stauden

- Goldgarbe *(Achillea filipendulina)*
- Steinkraut (*Alyssum* spp.)
- Färberkamille *(Anthemis tinctoria)*
- Blaukissen (*Aubrieta* spp.)
- Ochsenauge *(Buphthalmum salicifolium)*
- Pfirsichblättrige Glockenblume *(Campanula persicifolia)*
- Rundblättrige Glockenblume *(Campanula rotundifolia)*
- Gewöhnliche Wegwarte *(Cichorium intybus)*
- Mannstreu (*Eryngium* spp.)
- Strohblumen (*Helichrysum* spp.)
- Wiesen-Alant *(Inula britannica)*
- Schwert-Alant *(Inula ensifolia)*
- Diverse Taubnesseln (*Lamium* spp.)
- Gewöhnlicher Gilbweiderich *(Lysimachia vulgaris)*
- Gewöhnlicher Blutweiderich *(Lythrum salicaria)*
- Dornige Hauhechel *(Ononis spinosa)*
- Großes Flohkraut *(Pulicaria dysenterica)*
- Lungenkraut *(Pulmonaria officinalis)*
- Mauerpfeffer (*Sedum* spp.)
- Diverse Ziestarten (*Stachys* spp.)
- Edel-Gamander *(Teucrium chamaedrys)*

Die verschiedenen Stauden können Sie auf Balkon und Terrasse, im Staudenbeet, am Heckenrand oder am Teichufer pflanzen und den Bienen damit auch langfristig reichlich Nahrung bieten. Durch die Abgrenzung einiger Beete mit Totholzstämmen oder Natursteinmauern lassen sich außerdem wichtige Niststrukturen schaffen.

Die Weiße Taubnessel *(Lamium album)* ist leider zu oft als unerwünschtes Unkraut verpönt. Dabei bietet sie den Bienen über einen langen Zeitraum im Jahr Nahrung.

Frühblüher

- Hohler Lerchensporn *(Corydalis cava)*
- Frühlings-Krokus *(Crocus vernus)*
- Winterling *(Eranthis hyemalis)*
- Kleines Schneeglöckchen *(Galanthus nivalis)*
- Traubenhyazinthen (*Muscari* spp.)
- Zweiblättriger Blaustern *(Scilla bifolia)*
- Sibirischer Blaustern *(Scilla siberica)*
- Wilde Tulpe *(Tulipa sylvestris)*

Die aufgezählten Frühjahrsgeophyten können im Rasen, in der Blumenwiese, im Staudenbeet oder unter Gehölzen wachsen. Bereits mit einer kleinen Auswahl versüßen Sie den Wildbienen den Start in die Flugsaison.

Rank- und Kletterpflanzen

- Zaunrübe (*Bryonia* spp.)
- Ungefüllte Waldreben (*Clematis* spp.)
- Efeu *(Hedera helix)*
- Breitblättrige Platterbse *(Lathyrus latifolius)*
- Zaun-Wicke *(Vicia sepium)*
- Blauregen (*Wisteria* spp.)

Wie bereits deutlich wurde, besitzen besonders Efeupflanzen aufgrund ihrer späten Blütezeit eine hohe Bedeutung für Schwebfliegen, Schmetterlinge, Bienen und andere Hautflügler. Ältere Efeupflanzen sind aus diesem Grund besonders schützenswert.

Dieses Wiesenhummelmännche
(Bombus pratorum) trinkt im Gem
segarten am Schnittlauch Nektar

Kräuter- und Gemüsebeete

- Echter Kerbel *(Anthriscus cerefolium)*
- Küchenlauch *(Allium ampeloprasum)*
- Küchenzwiebel *(Allium cepa)*
- Schnittlauch *(Allium schoenoprasum)*
- Echter Sellerie *(Apium graveolens)*
- Diverse Kohlarten (*Brassica* spp.)
- Echter Kümmel *(Carum carvi)*
- Echter Koriander *(Coriandrum sativum)*
- Artischocke *(Cynara cardunculus)*
- Möhre *(Daucus carota)*
- Garten-Senfrauke *(Eruca vesicaria)*
- Fenchel *(Foeniculum vulgare)*
- Ysop *(Hyssopus officinalis)*
- Echter Lavendel *(Lavandula officinalis)*
- Liebstöckel *(Levisticum officinale)*
- Basilikum *(Ocimum basilicum)*
- Pastinak *(Pastinaca sativa)*
- Petersilie *(Petroselinum crispum)*
- Rosmarin *(Rosmarinus officinalis)*
- Gartenbohnenkraut *(Satureja hortensis)*
- Echter Salbei *(Salvia officinalis)*
- Muskateller-Salbei *(Salvia sclarea)*
- Echter Thymian *(Thymus vulgaris)*

In Nutzgärten können wir mit Kräuterspiralen und Gemüsebeeten das Nahrungsangebot für Wildbienen bereichern. Einige Gemüsepflanzen wie Kohl, Küchenlauch und Artischocke werden bereits vor der Blüte geerntet. Gewähren Sie den Bienen auch einzelne Exemplare und lassen Sie diese bis zur Blüte im Beet!

Mehr Nistplätze für Wildbienen

Wildbienen können das reiche Blütenangebot nur dann nutzen, wenn in unmittelbarer Umgebung unterschiedlichste Strukturen zum Bau ihrer Brutzellen vorhanden sind. Es gilt, vorhandene Niststrukturen zu bewahren und zu fördern. Entgegen dem heutigen Sauberkeits- und Ordnungswahn zahlreicher Grundstücks- und Gartenbesitzer sollten Totholz und abgestorbene Pflanzenstängel geduldet oder in einer sonnigen Grundstücksecke platziert werden. Auch der Trend zu Gärten und Grünanlagen mit Unkraut-Vlies, Kies, Schotter oder dicker Rinden- und Holzmulchschicht macht Sand- und Schmalbienen sowie weiteren Hautflüglern schwer zu schaffen, denn damit wird ihnen der Zugang zum Erdreich und damit zu ihrer Brutstätte verwehrt.

In Gärten und an Straßenrändern wird immer mehr mit Rindenmulch gearbeitet. Hierdurch werden das Wachstum von Wildkräutern unterdrückt und potenzielle Bienennistplätze verschüttet.

So sehen wildbienenfreundliche Baumscheiben aus: Wild aufwachsende Glockenblumen und Weiß-Klee bieten Nahrung und tolerierte, sandige Offenbodenstellen einen Nistplatz.

Unterirdisch nistenden Tieren können Sie helfen, indem Sie sonnige, vegetationsarme Böden weder begrünen noch versiegeln und neue Offenbodenstellen schaffen. Dies kann im Kleinen wie im Großen durch Entsiegelung oder Oberbodenabtrag geschehen. Ferner können Sie gemeinsam mit Schulklassen oder Kindergruppen Sandhaufen (mind. 30 cm hoch) anlegen oder mit Sand gefüllte Blumentöpfe an sonnigen Standorten aufstellen. Hilfreiche Tipps und kreative Beispiele für den Bau von Nisthilfen finden Sie in den Werken von Westrich (2015) und David (2016). Mit den kleinen Fördermaßnahmen schaffen Sie nicht nur Wildbienen und anderen Hautflüglern ein passendes Zuhause, sondern auch sich und Ihren Mitmenschen spannende Beobachtungsstationen. Dabei muss eine Nisthilfe nicht zwingend groß und teuer sein, denn häufig zeigen bereits kleine Bauwerke große Erfolge. Wer eine Nisthilfe kauft oder baut, sollte mit den natürlichen Nistgewohnheiten der Bienen vertraut sein. Je mehr die künstlich geschaffenen Strukturen die Ansprüche von Mauer-, Masken- und Blattschneiderbienen erfüllen, desto eher werden sie von den jeweiligen Arten besiedelt. Im Folgenden finden Sie Beispiele für kleinere und kostengünstige Bauprojekte, die Sie mit Freunden, Familie oder Kindergruppen in Angriff nehmen können.

Hohle Pflanzenstängel in Dosen und Kästen

Sie benötigen:

- hohle trockene Stängel von Bambus oder Schilf mit einem Innendurchmesser von 3–9 mm
- Eimer mit Wasser
- kleine Handsägen und scharfe Gartenscheren
- Pfeifenreiniger oder lange Schrauben
- Sandpapier
- leere Konservendosen oder kleine Holzkästen
- etwas Lehm oder Gips
- Bindedraht

Einfach herzustellen und dennoch Erfolg versprechend sind Nisthilfen aus alten Konservendosen und hohlen Pflanzenstängeln. Zahlreiche Nisthilfen aus Bambus, die wir mit Kindern in Schule und Kita gebaut und im März auf dem jeweiligen Gelände aufgehängt hatten, wurden bereits im April und Mai von Mauer- und Scherenbienen besiedelt. Zum Bau dieser Nisthilfen sind sowohl Bambus- als auch Schilfhalme geeignet. Während Sie an Schilf in der Regel kostengünstig gelangen, ist Bambus oft nur für viel Geld im Baumarkt zu erhalten. Fragen Sie einen ortsansässigen Bambus-Gärtner nach angefallenem Schnittgut bei Pflegearbeiten. Die Stäbe, die bei vielen Gärtnern auf dem Kompost landen, können Sie meist kostenlos mitnehmen. Frisch geschnittener Bambus sollte einige Zeit lagern, um gut zu trocknen. Mit einer Handsäge oder Gartenschere können Sie die hohlen Pflanzenstängel auf 9 bis 20 cm Länge kürzen. Ein Quetschen oder Splittern können Sie vermeiden, indem Sie die Halme zuvor für eine Nacht in Wasser einweichen. Gekürzt werden die Halme unmittelbar hinter den Knoten. So kann das verschlossene Ende später die Rückwand und das offene Ende den Eingang der Nistgänge bilden. Schleifen Sie mit Sandpapier die Enden säuberlich ab und befreien Sie gegebenenfalls das Innere der Halme mit Pfeifenreinigern oder langen Schrauben von Splittern und Mark. Die gebündelten Halme können Sie mit etwas Lehm oder Gips in Konservendosen oder Holzkästen fixieren. Wer etwas Farbe ins Spiel bringen will, kann natürlich Konservendosen und Holzkisten mit Kindern bunt bemalen. Die fertigen Nisthilfen können Sie mit Draht waagerecht aufhängen, an der Hauswand befestigen oder an einen regengeschützten, sonnigen Ort legen.

Kinderleicht gebaut sind diese bunten Dosennisthilfen. Sie können das Nistplatzangebot für solitär lebende Hautflügler etwas aufbessern und im Rahmen der Umweltbildung als Beobachtungsstation dienen.

Angebohrtes Holz für Hohlraumbesiedler

Sie benötigen:

- abgelagerte, entrindete und trockene Hartholzstämme oder dickere Äste (dies können auch Fundstücke aus dem Wald oder Garten sein) sowie unbehandelte Holzblöcke von Esche, Buche, Hainbuche oder Obstbäumen
- unterschiedliche Holzbohrer mit einem Durchmesser von 2–9 mm, eventuell Bohrständer für die Bohrmaschine
- Pfeifenreiniger oder lange Schrauben
- Sandpapier

Wie mit hohlen Bambus- und Schilfhalmen können Sie auch mit angebohrtem Holz typische Hohlraumbesiedler in Ihren Garten locken. Die natürlichen Nistplätze dieser Tiere sind vorwiegend Fraßgänge, die von Käfern und Holzwespen über kurz oder lang in abgestorbenes Holz hineingenagt werden, wenn man sie denn lässt. Im Prinzip würde es ausreichen, Totholz an sonnigen Orten im Garten zu lagern und

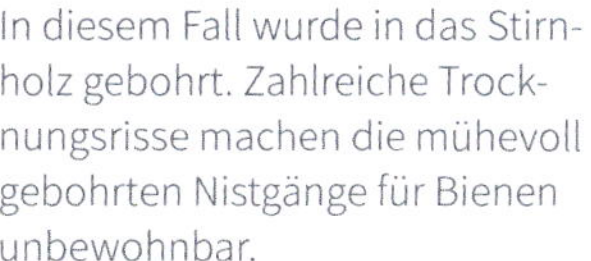

In diesem Fall wurde in das Stirnholz gebohrt. Zahlreiche Trocknungsrisse machen die mühevoll gebohrten Nistgänge für Bienen unbewohnbar.

Wurde quer zur Faser, also ins Längsholz gebohrt, ist die Rissbildung weniger stark ausgebildet.

einige Jahre abzuwarten. Wer jedoch zu wenig Geduld besitzt, kann selbstverständlich mit künstlich geschaffenen Gängen etwas nachhelfen. Orientieren sollten Sie sich am besten am Original. Bohren Sie dazu Gänge von 5 bis 10 cm Tiefe in das Längsholz. Das Stirnholz sollten Sie dabei nicht anbohren, da so bereits nach wenigen Jahren Risse entstehen und nur noch wenige Gänge von Bienen besiedelt werden können.

Wechseln Sie die Bohraufsätze und machen Sie unterschiedliche Bohrungen mit einem Durchmesser von 2 bis 9 mm. Der Abstand zwischen den Bohrungen sollte jeweils 2 cm betragen. Damit quer stehende Splitter die Gänge nicht versperren oder die empfindlichen Flügel der Bienen beschädigen, sollte besonders sorgfältig gearbeitet und kein Nadelholz verwendet werden. Mit Pfeifenreinigern und feinem Sandpapier können Sie die Bohrgänge abschließend von Spänen und Splittern befreien.

Morsches Holz zum Nagen

Sie benötigen:

- festes sowie weniger festes Morschholz, z. B. von Pappel, Weide, Apfel und Birne

Nur wenige Wildbienen in Deutschland, Österreich und der Schweiz nagen ihre Nistgänge eigenständig in abgestorbenes Laub- oder Nadelholz. Um Wald-Pelzbienen *(Anthophora furcata)* und andere Totholzbewohner zu fördern, können Sie Teile von festen und morschen Baumstämmen sowie dickere Äste an einer sonnigen und trockenen Ecke Ihres Gartens zu einem Holzstapel aufschichten.

Markhaltige Pflanzenstängel

Sie benötigen:

- abgestorbene, markhaltige Stängel, z. B. von Brombeeren, Himbeeren, Königskerzen, Disteln oder Beifuß
- Gartenschere
- Zaun, Metallstab oder andere Orte zum Befestigen
- Bindedraht

Markhaltige Pflanzenstängel von Brombeeren, Himbeeren, Heckenrosen, Königskerzen, Disteln, Kletten oder Beifuß, selten auch von Holunder, werden unter anderem von Maskenbienen besiedelt. Bei der Suche nach einem passenden Nistplatz scheinen sich die Tiere vorwiegend an einzelnen senkrecht oder leicht geneigt stehenden Strukturen zu orientieren. Nur selten nehmen sie gebündelte und waagerecht ausgerichtete Markstängel, wie man sie gelegentlich in Baumarktnisthilfen vorfindet, an. Wenn Sie die markstängelnistenden Wildbienen fördern wollen, befestigen Sie die 50 bis 100 cm langen Halme der oben genannten Pflanzen einzeln oder in kleinen Bündeln stets senkrecht mit etwas Bindedraht an Gartenzäunen, Metallstäben oder anderen Halterungen. Da die meisten Bienen mit ihren Mundwerkzeugen die verholzte Stängelwand nicht durchdringen können, sollte das Mark von oben frei zugänglich, der Stängel also angeschnitten sein. An der Schnittstelle nagen die Tiere ihre Brutzellen eigenständig in das weiche Mark hinein. Ist im Mark ein feines Loch zu erkennen, wurde Ihre Nisthilfe erfolgreich angenommen. Lassen Sie die besiedelten Strukturen im Winter stehen und tauschen Sie die Markstängel erst nach einem Jahr gegen neue aus.

Königskerzen bieten einigen Hautflüglern erst nach der Blüte einen Nistplatz. Werden abgestorbene Pflanzen senkrecht am Gartenzaun befestigt, nagen Stängelnister ihre Brutgänge über Bruchstellen in das Mark der dürren Stängel.

Löss- oder Lehmkästen für Steilwandbesiedler

Sie benötigen:

- stabile Holzkisten oder Kästen aus anderen Materialien von mind. 15 cm Tiefe
- feuchten Löss oder Lehm
- Bohrer mit einem Durchmesser von 5–8 mm

Steilwandbesiedler wie Frühlings-Pelzbienen oder Buckelige Seidenbienen finden in der Stadt unter anderem in den porösen Fugen alter Sandsteinmauern oder auch in Gefachen alter Fachwerkhäuser einen Nistplatz. Im Garten, auf dem Schulhof oder dem Kitagelände können Sie den Tieren eine zusätzliche Brutstätte mithilfe von Löss- oder Lehmkästen schaffen. Hierfür befüllen Sie einen stabilen Kasten komplett mit dem angefeuchteten Erdmaterial, ohne dass Sand, Stroh oder Holzfasern beigemengt werden. Nach dem Trocknen sollte das Substrat fest, aber nicht zu hart sein. Lässt es sich mit dem Fingernagel leicht abkratzen, schaffen es auch die Bienen mit ihren Mandibeln, ein Gangsystem in den Löss- oder Lehmkasten zu graben. Aufgestellt wird die künstliche Steilwand senkrecht und am besten etwas erhöht an einem regengeschützten, sonnigen oder halbschattigen Ort. Bohren Sie zusätzlich ein paar kurze Gänge von 5 bis 8 mm Durchmesser und etwa 2 cm Tiefe in die Löss- bzw. Lehmwand. Hiermit locken Sie potenzielle Besiedler an. Diese nutzen nämlich die kleinen Vertiefungen als Beginn ihrer waagerechten und meist verzweigten Nistgänge.

Wildbienenschutz geht auch durch den Magen

Selbst Bürger, die weder Garten noch Terrasse oder Balkon besitzen, können ihren Beitrag zum Erhalt der Bienen leisten, denn Wildbienenschutz geht gewissermaßen auch durch den Magen und beginnt Tag für Tag auf dem Frühstückstisch bzw. beim Lebensmittelkauf. Wer billige und konventionell angebaute Lebensmittel aus dem Discounter bezieht, unterstützt zugleich die industrielle Landwirtschaft und hiermit den Anbau von Monokulturen, die übermäßige Ausbringung von Düngemitteln sowie den Einsatz von Pestiziden wie Glyphosat und Neonicotinoide. Insbesondere die Anwendung der Insektizide Clothianidin, Imidacloprid und Thiamethoxam in der konventionellen Landwirtschaft wirkt sich verheerend auf unsere Insektenwelt aus. Mittlerweile hat zwar die Europäische Behörde für Lebensmittelsicherheit (EFSA) diese drei Neonicotinoide als Risiko für Wild- und Honigbienen eingestuft mit der Folge, dass ihre Anwendung unter freiem Himmel jetzt verboten ist. In

Gewächshäusern dürfen sie aber nach wie vor verwendet werden. Außerdem gibt es weitere Neonicotinoide wie Thiacloprid und Acetamiprid, die leider immer noch zugelassen sind. Auch das umstrittene Breitbandherbizid Glyphosat darf auf Beschluss der EU-Kommission vom 27. November 2017 weitere fünf Jahre Anwendung finden. Alternative Wege in der Landwirtschaft sind dringend nötig, wenn Wildbienen und andere Insekten eine Zukunft haben sollen. Dafür, dass dies möglich wird, müssen die politischen Rahmenbedingungen in der EU und anderswo schnell geändert werden.

Als Verbraucher können wir bereits vor der Politik tätig werden. Im ökologischen Landbau kommen weder Kunstdünger noch chemisch-synthetisch hergestellte Pestizide zum Einsatz. So verwundert es nicht, dass bei der Auswertung unterschiedlicher Studien durch das Thünen-Institut die durchschnittlichen Artenzahlen der Wildbienen auf ökologisch bewirtschafteten Flächen im Mittel 30% höher waren als auf konventionell bewirtschafteten. Weitere wissenschaftliche Erhebungen belegen zudem, dass die ökologische Form der Landwirtschaft ebenso positive Auswirkungen auf Individuendichte und Fortpflanzungsrate der Wildbienen hat. Wenn wir im Alltag also mehr auf regionale Bio-Lebensmittel zurückgreifen, fördern wir den ökologischen Landbau, was wiederum unserer heimischen Wildbienenfauna zugutekommt.

Verwendete Quellen

BUND (2015); Bundesministerium für Umwelt, Naturschutz und Reaktorsicherheit (2007); David (2016); Goulson (2014); Goulson (2016); Jin et al. (2015); Kessler et al. (2015); Pfiffner & Müller (2014); Sanders & Heß (2019); Sandrock et al. (2013); Schmid-Egger (2016); von Hagen & Aichhorn (2014); Westrich (1989); Westrich (2014); Whitehorn et al. (2012); Zurbuchen & Müller (2012); www.bluehende-landschaft.de; www.efsa.europa.eu; www.ipbes.net; www.rieger-hofmann.de; www.saaten-zeller.de; www.wildbienen.info; www.wildbienen-umweltbildung.de

Gruppe beim intensiven Beobachten einer Pollen sammelnden Hummel

WILDBIENENPROJEKTE FÜR SCHULE, KITA UND FAMILIE

Eine Gruppe von Kindern steht gebannt vor der kleinen Wiese in ihrem Schulgarten und zählt die Hummeln, die sie an den zahlreichen blühenden Pflanzen beobachten können. Fast 20 Individuen sind es. Sie freuen sich darüber, dass die blütenreiche Fläche, die sie selber im letzten Jahr angelegt und eingesät haben, von den pummeligen Insekten so gut besucht wird. Selbstverständlich wissen sie, dass es sich bei Hummeln um die größten einheimischen Wildbienen handelt. Sie können auch einige Arten sofort erkennen. Andere Kinder aus der Forscher-AG, die von einer engagierten Lehrerin geleitet wird, zählen an den selbst gebauten Nisthilfen, wie viele hohle Stängel und Bohrlöcher bereits von Wildbienen angenommen worden sind. Eine dritte Gruppe beobachtet Garten-Wollbienen dabei, wie sie Haare von Heil-Ziest abschaben. Im Bienenprojekt erleben und lernen Kinder immer wieder etwas Neues über die Tiergruppe, für deren Schutz sie nun schon so viel getan haben. Der bekannte Schweizer Pädagoge Johann Heinrich Pestalozzi (1746–1824) hätte seine Freude an dieser Art von Lernen mit Herz, Hand und Kopf, hat er sie doch als Erster angewendet und propagiert.

Einige allgemeine Hinweise vorab

Auch Sie können Wildbienen in Ihrer Schule, Kita und Familie, in Ihrem Verein oder in anderen Zusammenhängen für Kinder und Jugendliche erlebbar machen. Nutzen Sie die in den vorherigen Kapiteln vorgeschlagenen Exkursionen sowie Beobachtungs- und Suchaufträge für die Gestaltung und Durchführung von Unterrichtseinheiten, AG-Stunden, Wandertagen, Projektwochen, Ferienspassaktionen oder Wochenendspaziergängen. Für das Beobachten und Erleben der Tiere eignen sich neben den genannten Flächenbeispielen mit Wildbienenvorkommen auch Privat-, Schul- oder Kitagelände sowie ihre unmittelbare Umgebung wie Stadtbrachen, Weg- und Waldränder, öffentliche Grünanlagen oder Obstwiesen. Machen Sie vor Beginn Ihres Vorhabens Vorexkursionen zu möglichen Veranstaltungsorten und prüfen Sie diese hinsichtlich Wildbienen, Trachtflächen und Nistplätzen. Wählen Sie vor allem Orte aus, an denen Sie mit den Kindern oder Jugendlichen Wildbienen, Niststrukturen und Nahrungspflanzen antreffen können. Viele Aktivitäten sollten in erster Linie während der Flugzeit der Bienen von April bis September stattfinden, um den Teilnehmerinnen und Teilnehmern eine unmittelbare Begegnung mit den Tieren und ihren Lebensräumen sowie ein entdeckend-forschendes Lernen zu ermöglichen.

Hilfreiche Leitlinien

Öffentlichkeits- und Bildungsarbeit für die biologische Vielfalt und deren Schutz zu betreiben, ist eine der vordringlichsten Aufgaben der heutigen Zeit. Es ist aber auch eine der schönsten Aufgaben, was gerade an der faszinierenden Tiergruppe der Wildbienen mehr als deutlich wird. Wichtigste Voraussetzung sind die eigene Liebe und innige Beziehung zur Natur, denn nur wenn diese erkennbar sind, wird man bei den jeweiligen Zielgruppen gut ankommen. Zum Gelingen trägt darüber hinaus die Beachtung einer Reihe von Leitlinien bei, die nachfolgend genannt und kurz kommentiert werden sollen.

1. **Begegnung mit den Phänomenen ermöglichen:** Nur durch unmittelbare Anschauung, persönliche Erfahrung und eigenes Erleben der Phänomene, nämlich der Wildbienen und ihrer Lebensräume, kann eine emotionale Beziehung zu ihnen entstehen, die wiederum eine wesentliche Voraussetzung für ein Engagement bezüglich ihres Schutzes ist. Verschiedene Studien belegen eindeutig einen Zusammenhang zwischen Naturerfahrung und «Umwelthandeln» bei Menschen.
2. **Fundiertes Wissen vermitteln:** Um die Verhaltensweisen und Lebensraumansprüche der Wildbienen verstehen, die Auswirkungen des eigenen Alltagshandelns und gesellschaftlicher Prozesse auf diese Tiergruppe einschätzen und sachgerecht an ihrem Schutz mitwirken zu können, ist fundiertes Wissen nötig.
3. **Am Lebens- und Erfahrungsbereich der Menschen anknüpfen:** Bevor man mit Bildungsaktivitäten bezüglich Wildbienen beginnt, sollte man in Erfahrung bringen, welches Vorwissen bei der Gruppe vorhanden ist («Menschen da abholen, wo sie stehen»), um Unter- oder Überforderung bei den Teilnehmenden zu vermeiden.
4. **Möglichkeiten zur aktiven Mitarbeit bieten:** Je aktiver sich Menschen mit einer Thematik auseinandersetzen, desto mehr sind sie zu lernen in der Lage. Außerdem erlangen sie Handlungskompetenz. Nesteingänge von Wildbienen zählen, Blüten besuchende Hummeln bestimmen und Tiere an Nisthilfen beobachten und protokollieren sind nur einige kleine Beispiele dafür.
5. **Positive Beispiele aufgreifen und Lösungsmöglichkeiten aufzeigen:** Naturschutzbezogene Bildung darf keine «Katastrophenpädagogik» sein, da diese Menschen hilflos macht und resignativen Haltungen sowie Verdrängung Vorschub leistet. Mit positiven Beispielen und Lösungsmöglichkeiten wie mit dem Besuch neu angelegter Blühflächen, einer behutsam sanierten alten Friedhofsmauer oder eines ökologisch wirtschaftenden Hofs

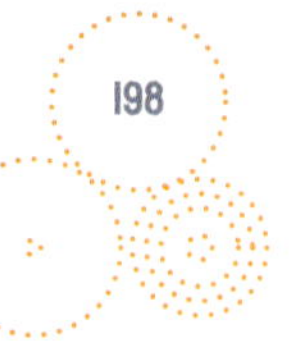

sowie mit dem Bauen und Ausbringen einer Bienennisthilfe setzt man positive Akzente und unterstützt die Bereitschaft zum Handeln.

6. **Gesellschaftliche Konflikte nicht ausklammern:** Wie viele andere Probleme im Naturschutz resultiert auch der starke Rückgang der Wildbienen aus Interessensgegensätzen und Konflikten in der Gesellschaft, zum Beispiel aus dem rasanten Flächenverbrauch oder der industrialisierten Landwirtschaft. Dies sollte man bei der Bildungsarbeit nicht ausklammern, sondern unter Berücksichtigung des Alters der jeweiligen Zielgruppe ins Gespräch bringen. Dabei müssen Menschen ermutigt werden, sich aktiv mit solchen Konflikten auseinanderzusetzen und an ihrer Lösung mitzuwirken.
7. **Sich mit Normen und Werten auseinandersetzen:** Bildungsarbeit bezüglich Wildbienen ist nicht wertfrei, sondern normativ. Sie hat den Anspruch, an Wegen für ihren größtmöglichen Schutz mitzuwirken. Dabei dürfen und müssen gängige Normen und Werte wie etwa die weit verbreitete Ordnungsliebe, die sich zum Beispiel in «Rasen-Rosen-Koniferengärten» niederschlägt, durchaus diskutiert und in Frage gestellt werden. An ihrem Wandel mitzuwirken, ist ein zentrales Anliegen der Naturschutz-Bildungsarbeit!
8. **Sich Zeit nehmen:** Wir sind dabei, die Abläufe in unserem Leben und in der Gesellschaft auf erschreckende Weise und in einem bisher nie gekannten Maß zu beschleunigen. Innige Beziehungen zu Mitgeschöpfen wie den Wildbienen aufzubauen, sie wertschätzen zu lernen und Verantwortung für sie zu übernehmen, braucht aber Zeit, setzt Innehalten und Ruhe voraus. In der Natur hat alles seine Zeit, und sie zu verstehen, braucht Zeit!

Wildbienenprojekte

Einige Programmbausteine und Aktionsbeispiele für die Umsetzung eigener Wildbienenprojekte stellen wir im Folgenden vor. Die einzelnen Aktionen und der Informationsumfang sollten in Abhängigkeit von den Vorkenntnissen, den Interessen und dem Alter der Teilnehmenden gestaltet werden. Verschiedene Themen können auf entsprechende Zielgruppen zugeschnitten, vertieft oder auch nur kurz angesprochen, Aktionen ausgelassen oder andere hinzugefügt werden. Selbstverständlich sollte sich die auf Wildbienen bezogene Öffentlichkeits- und Bildungsarbeit neben Kindern und Jugendlichen auch an Erwachsene richten. Man wird dabei immer wieder erleben, dass Aktionen, die eigentlich für Kinder gedacht waren, auch von vielen Erwachsenen gern durchgeführt werden. Folgende Hauptziele sollten, soweit möglich, immer im Auge behalten werden:

- Ängste bzw. Scheu vor den Stechimmen abbauen
- Interesse für Wildbienen wecken und einen sensiblen Umgang mit ihnen und anderen Kleinlebewesen schulen
- Wildbienen und ihre Lebensräume im unmittelbaren Lebensumfeld erlebbar machen
- Wissen über Vielfalt, Lebensweise, Lebensraumansprüche und Bedeutung der Bienen vermitteln und den Blick dafür schärfen
- Augen öffnen für die vielfältigen Gefährdungen und die Möglichkeiten zum Schutz der Bienen

Wissensstand erfahren und an Bekanntes anknüpfen

Geeignete Orte: Privat-, Kita- und Schulgelände etc.
Alter der Zielgruppe: ab 4 Jahren
Materialien: Honig im Glas

Inhalt und methodische Vermittlung:
Bringen Sie zu Beginn eines Wildbienenprojektes Bedürfnisse und Wissensstand der Gruppe in Erfahrung, indem Sie zum Beispiel die Teilnehmenden in einem Sitzkreis von ihren bisherigen Begegnungen und Erlebnissen mit Bienen berichten lassen. Viele werden wohl beim Stichwort «Biene» an die Honigbiene und an Honig denken, Letzterer hat einigen vielleicht noch am Morgen das Frühstücksbrot versüßt. Honig kann als Anschauungsmaterial im Glas bereitgestellt und probiert werden. Auf den Etiketten der Honiggläser sind oft Bienen und Bienenkörbe oder -beuten abgebildet. Mithilfe dieser Darstellungen kann im Dialog auf die Honigbienenhaltung und die hochsoziale Lebensweise dieser bekannten Bienenart eingegangen werden. Darüber hinaus wird vielen jüngeren Kindern die Honigbiene aus diversen Zeichentrickfilmen bekannt sein. An das vorhandene Wissen und an vertraute Situationen aus dem Alltag sollte im Gespräch angeknüpft werden. Möglicherweise haben einzelne Teilnehmende bereits sogar eine Idee, was Wildbienen sein könnten. Wecken Sie bei den Kindern Interesse und Neugierde für das bevorstehende Wildbienenprojekt.

Mit den Hummeln starten

Geeignete Orte: Kita- und Schulgelände etc.
Materialien: Hummelgeschichte, Donnerrohr (= Instrument, das durch Schütteln Donnergeräusche erzeugt)
Alter der Zielgruppe: 4 bis 7 Jahre

Inhalt und methodische Vermittlung:
Hummeln sind den meisten Kindern und Jugendlichen bekannt und eignen sich entsprechend für den Einstieg in das Thema «Wildbienen». Darüber hinaus sind die dicken Brummer auch für Laien aufgrund ihrer Größe, Behaarung und Färbung leicht zu entdecken. Mit Kindern im Alter von 4 bis 7 Jahren können Sie mit einer kurzen «Bewegungsgeschichte» wie ein Hummelvolk in den Tag starten. So erhält die Gruppe spielerisch und mit viel Fantasie eine erste Vorstellung von der Lebensweise der Hummeln. Die Bewegungsgeschichte dient vor allem dem Aufwärmen und Einstimmen in die Thematik und kann als regelmäßiges Ritual immer wieder zu Beginn der einzelnen Projekttage vorgetragen werden.

BEWEGUNGSGESCHICHTE: WIE EIN HUMMELVOLK IN DEN TAG STARTEN

Viele Hummeln leben mit einer größeren Königin zusammen in einem Volk *(die Kinder stellen die Hummelarbeiterinnen und die Erzieherin/Erzählerin die Königin dar)*. Ihr kuscheliges Nest liegt oft tief verborgen unter der Erdoberfläche in einem alten Mäusenest. Hier haben die vielen kleinen Hummeln mit ihrer Königin die Nacht verbracht und liegen dicht beieinander *(Kinder und die Erzieherin/ Erzählerin liegen am Boden, haben es sich gemütlich gemacht und «schlafen»)*. Hummeln sind wahre Frühaufsteher! Sobald die ersten Sonnenstrahlen auf die Erde scheinen, beginnen die Hummeln sich zu regen *(Kinder bewegen sich)*, sie strecken ihre 4 Flügel aus *(Kinder strecken die Arme aus)*, stehen auf und schütteln ihre 6 Beinchen aus *(Kinder stellen sich auf und schütteln ihre Beine aus)*. Anschließend putzen sie ihre 2 Fühler *(die rechte Hand wird vor die Stirn gehalten, die gestreckten Zeige- und Mittelfinger stellen die beiden Fühler dar und werden von der linken Hand geputzt)*. Mit den Fühlern können Hummeln sogar riechen, schmecken und tasten. Sind die Fühler geputzt, werden die anderen Hummeln begrüßt, indem sie ihre Fühlerspitzen vorsichtig aneinanderstupsen *(Kinder stupsen ihre Fingerspitzen vorsichtig aneinander)*. Die Königin bleibt den ganzen Tag im Nest. Nur die kleinen Hummeln verlassen gleich die kuschelige Höhle, um Futter zu holen. Draußen ist es so früh am Morgen noch ziemlich kalt. Daher wärmen sich die kleinen Hummeln vor dem Losfliegen etwas auf. Sie zittern mit ihren Muskeln *(Kinder fragen, was sie machen würden, um sich aufzuwärmen; z. B. zittern, auf der Stelle gehen, hüpfen ...)*. Dabei geben die kleinen Hummeln einen hohen Summton von sich *(Kinder summen)*. Sind die kleinen Hummeln aufgewärmt, beginnen sie vorsichtig mit den Flügeln zu schlagen *(Kinder bewegen Arme auf und ab)* und summen dabei etwas lauter und tiefer *(Kinder summen)*. Dann fliegen die vielen kleinen Hummeln aus und umkreisen ihr Nest *(Kinder umfliegen die Erzieherin/ Erzählerin)*. Immer weiter entfernen sich ihre Flugbahnen vom Nest, und die Tiere starten so voller Energie in den Tag *(Kinder fliegen umher)*. Der Hummeltag hat begonnen – auch unser Tag soll nun so richtig beginnen.

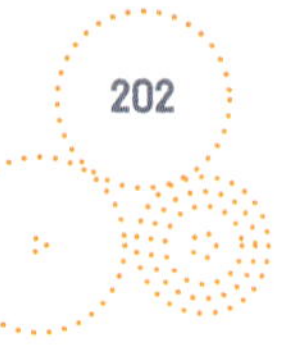

Suchen Sie sich als «Hummelnest» einen geschützten Ort, zum Beispiel im Schatten der Bäume, an dem Rucksäcke und Proviant gelagert werden. Bei späteren Programmpunkten können hier gemeinsame Besprechungen oder Pausen stattfinden. Im Vorfeld wird zudem mit den Kindern der «Flugradius» um das auserkorene Nest besprochen, schließlich entfernen sich auch Hummeln nicht allzu weit von ihrem Nistplatz. Mit einem Donnerrohr oder Donnermacher können die Kinder nach verschiedenen Aktionen in der Umgebung zum Sammelpunkt zurückgerufen werden. Die donnernden und krachenden Geräusche kündigen starken Regen an. So schnell wie möglich kehren dann die kleinen Hummelarbeiterinnen ins geschützte Nest zurück.

Die Hummelgeschichte ist nur ein Beispiel für eine mögliche Bewegungsaktion. Vielleicht fällt Ihnen im Laufe des Bienenprojektes zusammen mit den Kindern eine Bewegungsgeschichte oder Traumreise zu anderen Wildbienen ein.

Dem Summen lauschen

Geeignete Orte: unter blühenden Bäumen und Sträuchern, auf einer blütenreichen Wiese oder Stadtbrache etc.
Materialien: Schreibunterlage, Papier und Stift
Alter der Zielgruppe: 5 bis 12 Jahre

Inhalt und methodische Vermittlung:
Abhängig von der Jahreszeit summt und brummt es an windstillen, sonnigen und warmen Tagen kräftig unter blühenden Weiden, Ahornbäumen, Obstgehölzen, Robinien oder Linden, vor Brombeersträuchern, Faulbaumsträuchern oder Efeuranken sowie in blütenreichen Wiesen und Gärten. Um das Gehör der Kinder im Alltagslärm für diese leisen Geräusche zu schulen, sucht sich jede Person einen ungestörten Platz, an dem sie eine Weile ruhen, sich setzen oder anlehnen kann. Die Augen werden geschlossen und die Ohren gespitzt. Gegebenenfalls kann auch eine Summ- bzw. Geräuschelandkarte angefertigt werden. Hierfür erhält jeder ein Blatt Papier, einen Stift und eine Schreibunterlage. Ein Punkt in der Mitte des Papiers kennzeichnet den Standort der Person. Wahrgenommene Geräusche der Umgebung werden als Stichpunkt oder Zeichnung festgehalten. Aufgenommen werden neben Summgeräuschen auch weitere natürliche Laute wie Vogelgesang oder das Zirpen der Heuschrecken sowie auf Menschen zurückgehende Geräusche wie Flugzeuglärm oder Glockenläuten.

Nach etwa 10 Minuten kommt die Gruppe wieder zusammen und tauscht untereinander aus, was gehört wurde, von wo bzw. wem die Geräusche kamen, ob es ein leises, durchgehendes Summen in den Baumkronen, tiefe Brummtöne am Boden oder hohe, flink am Ohr vorbeisausende Summtöne waren. Sicherlich stammt das gehörte Summen nicht nur von Bienen, sondern auch von anderen Fluginsekten wie Wespen, (Schweb-)Fliegen, Käfern oder Libellen. Wie man Bienen von diesen unterscheiden kann, wird bei einem späteren Programmpunkt erarbeitet.

ERSTELLUNG EINES WILDBIENEN-FORSCHERHEFTES

Legen Sie mit Ihren Schülerinnen und Schülern individuell gestaltete Wildbienen-Forscherhefte an. In diesen Sammelmappen (DIN A4 oder DIN A5) werden die im Bienenprojekt erhaltenen oder erarbeiteten Materialien wie Summlandkarten, Bienenzeichnungen, Beobachtungsprotokolle, Fotos, Hummelbestimmungsschlüssel, herbarisierte Pflanzen, Zeitungsartikel etc. abgeheftet. Die Teilnehmenden sollten hier auch Bienenerlebnisse dokumentieren, die sie außerhalb des Projektes, zum Beispiel im Garten der Eltern oder bei einem Spaziergang mit Freunden, machen konnten. Lassen Sie Ihre Gruppe zu Beginn des jeweiligen Veranstaltungstages von diesen Einträgen berichten. Das Forscherheft ermöglicht zum Ende des Projektes auch einen Rückblick auf die verschiedenen Beobachtungen und Aktionen.

Flugbahnen verfolgen

Geeignete Orte: blütenreiche Gärten, Wiesen, Stadtbrachen, Weg- und Waldsäume etc.
Materialien: Schreibunterlage, Papier (Forscherheft) und Buntstifte
Alter der Zielgruppe: ab 8 Jahren

Inhalt und methodische Vermittlung:
Aufgrund der flinken Flugweise ist es nicht immer einfach, Bienen und andere Insekten zu beobachten und ihre Flugbahnen zu verfolgen, ohne diese sofort wieder aus den Augen zu verlieren. Doch die Teilnehmenden können ihren Blick für die flinken Flieger schulen. Hierfür sucht sich jede Person einen Standort, von dem sie einen blühenden Pflanzenbestand überschauen kann. Wie bei der Erstellung der Geräuschelandkarte werden Schreibunterlagen, Papier und Stifte verteilt, und mit einem Punkt in der Mitte des Papiers wird der jeweilige Standort markiert. Von diesem Standort wird nun die Flugbahn eines vorbeifliegenden Insektes so lange wie möglich verfolgt und auf dem Papier nachgezeichnet. Die Flugrichtung wird mit einem Pfeil markiert. Besucht das Tier eine Blüte, legt eine kurze Schwebephase ein oder kommt mit anderen Tieren ins Gerangel, wird die Beobachtung mit einem Symbol notiert. Hat man das Insekt aus den Augen verloren, wird ein anderes beobachtet und seine Flugbahn mit einer anderen Farbe dargestellt. Nach etwa 15 Minuten werden die Ergebnisse miteinander verglichen. Es kann gemeinsam besprochen werden, ob die Flugbahnen kurvenförmig oder geradlinig verliefen, ob Blüten besucht, andere Tiere vertrieben oder Flugpausen eingelegt wurden. Außerdem können Vermutungen angestellt werden, welche Fluginsekten beobachtet wurden. Waren es Hummeln oder andere Bienen, Wespen, (Schweb-)Fliegen, Käfer, Libellen oder Tagfalter? Mit viel Übung gelingt es sogar, die Verhaltensmuster und Flugweisen unterschiedlicher Insektengruppen (zum Teil sogar einzelner Bienenarten, -männchen und -weibchen) wiederzuerkennen.

Bienen erkennen

Geeigneter Ort: Kita- und Schulgelände, Gärten, Wiesen, Stadtbrachen, Weg- und Waldsäume
Materialien: Schreibunterlage, Papier (Forscherheft) und Buntstifte, Wäscheleine, Wäscheklammern, Handpuppe, Abbildungen von Bienen und anderen Insekten
Alter der Zielgruppe: ab 4 Jahren

Inhalt und methodische Vermittlung:
Um Wildbienen zu erkennen und von allen anderen Blütenbesuchern zu unterscheiden, ist eine gewisse Kenntnis über den Körperbau der Tiere wichtig. Um in Erfahrung zu bringen, welche Vorstellungen die Kinder von dieser Tiergruppe haben, können zunächst Bienen mit Buntstiften gemalt werden. Die fertigen Zeichnungen werden mit Wäscheklammern nebeneinander an einer Leine, die zum Beispiel zwischen zwei Bäumen gespannt wird, befestigt und von den Kindern miteinander verglichen.

Typische Bienenmerkmale wie zwei Fühler, ein Rüssel, zwei Facetten- und drei Punktaugen, sechs Beine und vier Flügel sowie die Dreiteilung des Körpers in Kopf, Brust und Hinterleib mit einer deutlichen Wespentaille sollten besprochen werden. Als Anschauungsmaterial können zum Beispiel Bienenfotos, Bienenmodelle aus Pappmaché oder Handpuppen dienen. Letztere kommen nicht nur bei den jüngeren Kindern gut an, sondern lockern bei Veranstaltungen mit Familien auch die Stimmung unter den Erwachsenen auf. Eine Anleitung zum Basteln einer kostengünstigen Handpuppe finden Sie unter www.wildbienen-umweltbildung.de.

Meist haben sich bei den Kindern diverse Bienendarstellungen aus den Medien ins Gedächtnis eingebrannt. Auch wenn Zeichentrickfiguren selten mit der Realität übereinstimmen, können diese bei einer Besprechung erwähnt werden, um möglicherweise falsch vermitteltes Wissen und weitverbreitete Auffassungen zu korrigieren. Nicht nur Kinder, sondern auch Erwachsene haben oft die Vorstellung, dass Bienen schwarz- oder braun-gelb gestreift sind. Mit Fotos von Wollbiene, Wespenbiene oder Gartenhummel kann gezeigt werden, dass dies in einigen Fällen zutrifft. Weiter sollte mit Abbildungen von Weiden-Sandbiene, Fuchsroter Sandbiene, Riesen-Blutbiene *(Sphecodes albilabris)*, Großer Holzbiene *(Xylocopa violacea)*, Steinhummel etc. die weit darüber hinausreichende Farbenvielfalt der Bienen veranschaulicht werden.

Das Erlernte sollte mit älteren Kindern durch eine einfache Bestimmungsübung unmittelbar in der Praxis angewendet werden, indem Blütenbesucher auf dem Schul- oder Kitagelände beobachtet und gemeinsam in die Gruppen «Nichtinsekt» oder «Insekt», «Nichtbiene» oder «Biene» eingeordnet werden.

So stellen sich viele Kinder die heimischen Wildbienen vor: gelb-schwarz gestreift und dennoch formenreich.

Wildbienen beobachten

Geeigneter Ort: Schulgelände, Gärten, Wiesen, Stadtbrachen, Weg- und Waldsäume, Wildbienennisthilfen, natürliche Nistplätze etc.
Materialien: Schreibunterlage, Papier (Forscherheft) und Stift, Thermometer, Pflanzenbestimmungsbuch, Wildbienenbuch von Amiet & Krebs (2012), Otoskop, Digitalkamera
Alter der Zielgruppe: ab 7 Jahren

Inhalt und methodische Vermittlung:
Sind die Teilnehmerinnen und Teilnehmer in der Lage, Bienen zu erkennen, können sie bei einer Exkursion und geeignetem Wetter (am besten zwischen 10:00 und 17:00 Uhr) gezielt nach den Tieren Ausschau halten. Im Vorfeld sollten Tipps gegeben werden, wie man sich den Blütenbesuchern nähert, sodass diese nicht davonfliegen: die Biene zunächst nur aus der Ferne beobachten, keine hastigen Bewegungen machen, sich auf Zehenspitzen anschleichen und möglichst keine Schatten auf die Tiere werfen.

Bei dieser Aktion können Wildbienen-Forscherprotokolle angefertigt werden, in denen sämtliche Bienenbeobachtungen dokumentiert werden. Wie bei wissenschaftlichen Untersuchungen werden im Protokoll der Name der Beobachterin oder des Beobachters und der Schule, das Datum sowie die aktuelle Temperatur, Bewölkung und Windstärke bzw. -richtung notiert.

In diesem Fall haben Kita-Kinder die Bienen nicht gemalt, sondern sie aus gesammelten Naturmaterialien auf einem Kartonpapier zusammengeklebt.

Bei Untersuchungen an Nahrungsflächen sollten Sie die hier blühenden Pflanzen im Vorfeld mit den Teilnehmenden besprechen und bestimmen. Hilfreich kann ein Bestimmungsbuch für Blütenpflanzen sein, wie zum Beispiel der Naturführer von Spohn et al. (2015). Anschließend nehmen Kleingruppen (2–3 Personen) die Bienen der Fläche für etwa 20 Minuten genauer unter die Lupe und gehen unter anderem folgenden Fragen nach: Wie viele Bienen können beobachtet werden? Wie sehen sie aus? Sind unterschiedliche Arten unterwegs? Wenn ja, woran werden diese unterschieden und wie viele sind es? Wie verhalten sich die einzelnen Bienen? Welche Blütenpflanzen werden besucht? Welche Form und Farbe haben die besuchten Blüten? Welche Pflanzenart wird von den Bienen bevorzugt angeflogen? Warum könnte diese Blüte bei Bienen so beliebt sein? Wie verhalten sich die Bienen auf den Blüten? Wie lange halten sich die Tiere auf einer Blüte auf? Sammeln sie Nektar oder Pollen? Wenn ja, wie sammeln und transportieren sie diesen? Welche Farbe hat der gesammelte Pollen? Sind weitere Insekten auf den Blüten zu beobachten? Was machen sie?

Weitere Untersuchungen können an natürlichen Nistplätzen ebenso wie an Nisthilfen durchgeführt werden. Auch hier können Bienenbeobachtungen detailliert protokolliert und darüber hinaus Nesteingänge mit dem Otoskop abgesucht oder Nestverschlüsse bestimmt werden. Anregungen und Fragestellungen zum Erkunden von Nisthilfenbesiedlern finden Sie auf Seite 125. Einen Schlüssel für

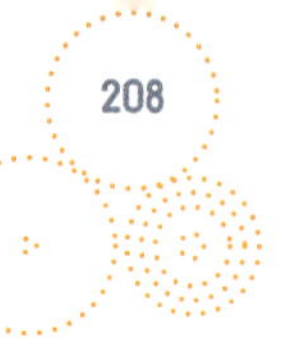

die Bestimmung häufiger Nestverschlüsse finden Sie darüber hinaus auf www.wildbienen.info sowie in dem Buch von Westrich (2014).

Mit Digitalkamera oder Mobiltelefon können die Bienen an Nistplätzen und Nahrungspflanzen auch fotografisch festgehalten und entwickelte Fotos im Forscherheft abgeheftet werden.

Lassen Sie Ihre Teilnehmerinnen und Teilnehmer im Anschluss an die Beobachtungsaktionen von ihren Beobachtungen berichten. Gegebenenfalls können mithilfe der Notizen, Zeichnungen und Fotos auch Präsentationen oder Plakate über Wildbienen erstellt werden.

Wildbienen fangen

Geeigneter Ort: Kita- und Schulgelände, Gärten, Wiesen, Stadtbrachen, Weg- und Waldsäume etc.
Materialien: Schreibunterlage, Papier (Forscherheft) und Stift, Lebendfang-Gläser, evtl. Exhaustoren, Lupen
Alter der Zielgruppe: ab 7 Jahren

Inhalt und methodische Vermittlung:
Für Kinder, Jugendliche und Erwachsene ist es ein besonderes Erlebnis, die Tiere aus nächster Nähe zu betrachten und zum Beispiel den Bienen ein erstes Mal in die drei Punktaugen gucken zu können. So kann es pädagogisch sinnvoll sein, mit der Gruppe einzelne Insekten zu fangen und diese näher in Augenschein zu nehmen.

Zum Einfangen von Fluginsekten eignen sich die im Handel erhältlichen Materialien mehr oder weniger gut. Erfahrene Insektenkundler nutzen in der Regel feinmaschige Fangnetze, sogenannte Gaze- oder Schmetterlingskescher. Ihr Einsatz erfordert viel Übung. Fehlt diese, besteht die Gefahr, beim Herausholen der im Netz gefangenen Faltenwespen, Honigbienen oder Hummeln gestochen zu werden. Ein Gazekescher sollte folglich nur von Personen mit entsprechender Erfahrung eingesetzt werden. Zum Fang von am Boden lebenden Krabbeltieren erfüllen oftmals Becherlupen gute Dienste, für Wildbienen und viele andere Fluginsekten sind sie jedoch weniger geeignet. Die Tiere fliegen im Becher meist hastig umher, sodass das Betrachten durch den Lupendeckel kaum möglich ist. Zudem besteht die Gefahr, dass die Tiere beim Einfangen zwischen Lupendeckel und Becher geraten und verletzt werden. Wesentlich geeigneter zum Einfangen der sensiblen Bienen sind Lebendfang-Gläser, sogenannte Mini-Life-Gläser von www.bioform.de. Die durchsichtigen Polystyrol-Gefäße sind in verschiedenen Größen erhältlich und besitzen zum Verschließen einen weichen Schaumstoff-Pfropfen.

Das Wildbienenfangen erfordert in jedem Fall etwas Übung, Geduld und viel Feingefühl. Halten Sie zunächst Ausschau nach Insekten, die sich auf Blüten befinden und mit dem Nektar- oder Pollensammeln beschäftigt sind. Setzen Sie den Becher mit der Öffnung nach unten langsam über das Tier. Dieses wird nach getaner Sammeltätigkeit mit hoher Wahrscheinlichkeit nach oben fliegen. Ist die Biene im Becher, wird dieser vorsichtig mit dem Schaumstoff-Pfropfen verschlossen. Achten Sie darauf, dass das Tier nicht zwischen Propfen und Becherrand gerät.

Sollten Sie die Gruppe eigenständig Insekten fangen lassen, demonstrieren Sie stets die Fangmethode. Als leitende Person agieren Sie den Teilnehmenden gegenüber als Vorbild. Machen Sie deutlich, dass Achtsamkeit und Respekt gegenüber den Tieren und ihren Lebensräumen von großer Bedeutung sind. Achten Sie darauf, dass durch die Gruppe beim Erkunden möglichst keine Nahrungspflanzen und Nistplätze zertreten werden. Gefangene Bienen sollten nur kurzzeitig im Gefäß gehalten, bei Hitze nicht der Sonne ausgesetzt, niemals mit in Schul- oder Kitaräume genommen und unmittelbar am Fangort wieder freigelassen werden. Gehen Sie sicher, dass kein Tier bei dieser Aktion zu Schaden kommt. Wurde die Gemeine oder Deutsche Wespe *(Vespula vulgaris, V. germanica)* oder eine Honigbiene gefangen, sorgen Sie beim Freilassen der Tiere für eine freie Flugbahn.

Kleinere Bienen können auch mit einem Exhaustor schonend von einer Blüte abgesammelt werden. Dieser «Insektenstaubsauger» besteht aus einem Sammelglas und zwei Ansaugrohren. Bereits im Vorfeld können die Teilnehmerinnen und Teilnehmer ihren eigenen Exhaustor basteln, ihn im Gelände unter Anleitung ein erstes Mal ausprobieren und mit ihm schließlich auch zu Hause den Kleinlebewesen auf die Spur gehen.

Mit Mini-Life-Gläsern und Schaumstoff-Pfropfen können Bienen und andere Blütenbesucher schonend eingefangen werden.

BAUANLEITUNG FÜR EINEN EXHAUSTOR

Sie benötigen:

- Marmeladenglas mit Schraubdeckel
- Milchdosenöffner und Schraubendreher
- Zwei durchsichtige Schläuche (ca. 15 cm und 40 cm lang)
- Nylonstoff (z. B. von einer Strumpfhose)
- Knetgummi und Paketklebeband

Mit dem Milchdosenöffner werden zwei Löcher in den Schraubdeckel gestochen und diese mit dem Schraubendreher so weit vergrößert, dass die Schläuche knapp hindurchpassen. Hierbei ist etwas Vorsicht geboten, denn die Ränder der Bohrungen können scharfkantig sein. Über das Ende des kürzeren Schlauches wird ein Stück Nylon gezogen. Das Schlauchende mit Nylon-Abdeckung wird schließlich von oben ca. 2 cm durch ein Loch im Deckel des Marmeladenglases gesteckt, der längere Schlauch ohne Nylon durch das andere Loch. Der Übergang zwischen Deckel und Schläuchen sollte gut mit Paketklebeband oder Knetgummi abgedichtet werden, damit hier bei späterer Nutzung keine Luft in das Glas gelangt.

Der selbstgebastelte Marmeladenglas-Exhaustor

Folgendermaßen funktioniert der Exhaustor: Wurde eine kleinere Biene auf einer Blüte erspäht, wird sie mit dem längeren Ansaugrohr anvisiert. Dabei wird die Schlauchöffnung so nah wie möglich vor das Tier gehalten. Der andere, kürzere Schlauch wird in den Mund genommen. Holt man nun tief Luft, wird ein Unterdruck im Glas erzeugt und die Biene in das Glas gesogen. Das Stück Nylon verhindert, dass das Tier in den Ansaugschlauch gerät und versehentlich eingeatmet wird. Sowohl im Exhaustor als auch im Mini-Life-Glas sollte stets nur eine Biene gehalten werden. Gefangene Bienen und andere Insekten können unter die Lupe genommen (eine Einschlag- oder Handlupe ist hilfreich) und typische Bienenmerkmale gemeinsam wiederholt werden, bevor sie unmittelbar am Fangort wieder in die Freiheit entlassen werden.

WAS BEIM FANGEN VON BIENEN ZU BEACHTEN IST

Das Entnehmen von einzelnen Bienen in Gefäßen zu Beobachtungszwecken ist in jedem Fall pädagogisch sinnvoll. Da sämtliche Wildbienenarten in Deutschland besonders geschützt sind, dürfen die ausgewachsenen Tiere, Puppen, Larven und Eier nicht getötet oder verletzt und ihre Lebensräume nicht beschädigt oder zerstört werden. Auch das Fangen der Tiere ist streng genommen nur mit einer Ausnahmegenehmigung der zuständigen Naturschutzbehörde erlaubt.

Wildbienen bestimmen

Geeigneter Ort: Schulgelände, Gärten, Wiesen, Stadtbrachen, Weg- und Waldsäume, Nisthilfen etc.
Materialien: Schreibunterlage, Papier (Forscherheft) und Stift, Wildbienenbestimmungsbuch von Amiet & Krebs (2012) oder Bellmann (2010), vereinfachte Hummelbestimmungshilfe (siehe Seite 78) oder Hummelbestimmungshilfe für Fortgeschrittene von Witt (2017), Faltblatt zu Wildbienen und Wespen an Nisthilfen von Witt (2015), Digitalkamera
Alter der Zielgruppe: ab 10 Jahren

Inhalt und methodische Vermittlung:
Die Bestimmung gefangener oder beobachteter Tiere ist, wie bereits auf Seite 29f. dargestellt, nur begrenzt möglich. Dennoch können Sie mit Ihren Teilnehmenden auffällige Merkmale zusammentragen, indem Sie auf folgende Fragen eingehen:

Wirkt die Biene eher dick und kompakt oder schmal und länglich? Ist sie größer oder kleiner als eine Honigbiene? Ist sie kurz und kaum oder lang und dicht behaart? Wie ist die Färbung der Behaarung an Kopf, Brust und Hinterteil? Hat sie Pollensammelvorrichtungen an den Hinterbeinen oder an der Bauchunterseite? Hat sie Streifen am Hinterteil oder andere auffällige Merkmale?

Wurden in mehreren Gefäßen unterschiedliche Bienen gefangen, können im Dialog mit der Gruppe die Gemeinsamkeiten und Unterschiede der Tiere herausgearbeitet werden. Vielleicht fällt beim Betrachten einzelner Hummeln auch die unterschiedliche Pofärbung auf. Versuchen Sie einmal gemeinsam, mit der Hummelbestimmungshife für Einsteiger oder für Fortgeschrittene von Witt (2017) die eine oder andere Hummel zu bestimmen. Den Hummelbestimmungsschlüssel für Einsteiger können Sie hierfür auch vervielfältigen und an Ihre Schülerinnen und Schüler aushändigen. Aber bitte vermerken Sie die Quelle darauf!

Bei vorbeifliegenden Hummeln sollten die Teilnehmenden in jedem Fall innehalten und dem Summen lauschen. Denn bei einigen Arten kann auch die Frequenz des Summtons als ein Unterscheidungsmerkmal herangezogen werden: Während die Königin der Wiesenhummel einen hohen Summton von sich gibt, ist bei der Dunklen Erdhummel ein sehr tiefer Brummton beim Fliegen zu hören.

Mit dem Wildbienenbuch von Amiet & Krebs (2012) oder Bellmann (2010) können die Gruppenmitglieder darüber hinaus versuchen, weitere auffällige Wildbienengattungen oder -arten zu bestimmen. Bei der Bestimmung von Wildbienen an Nisthilfen kann das Faltblatt von Witt (2015) hilfreich sein. Auch wenn Ihre Schülerinnen und Schüler zu jung sind, um die Bienen eigenständig zu bestimmen, sollten Sie dennoch (soweit möglich) die gefangene oder beobachtete Bienenart bzw.

-gattung benennen. Nicht selten bleiben selbst komplizierteste Bienennamen den Kindern im Gedächtnis. So erinnerten sich Kindergartenkinder im Rahmen unserer Bienenprojekte noch nach den Sommerferien an Hosenbienen, Steinhummeln und Erdhummeln und Grundschülerinnen und Grundschüler an Natternkopf-Mauerbienen, Garten-Blattschneiderbienen und Schneckenhaus-Mauerbienen – unsere Namen und die unserer studentischen Hilfskräfte hatten sie in der Zwischenzeit jedoch vergessen.

Vor dem Freilassen gefangener Bienen können im Forscherheft gegebenenfalls Skizzen von den Tieren angefertigt und ihre Namen, das Fang- bzw. Beobachtungsdatum und der Ort notiert werden. Will man die Bienen zu einem späteren Zeitpunkt anhand von Fotos bestimmen, werden Kopf, Brust, Hinterleib und Beine aus verschiedenen Perspektiven fotografiert. Die gemachten Fotos können dann unter anderem mit Abbildungen und Portraits auf www.wildbienen.de verglichen werden. In Hautflügler-Foren, z. B. unter www.wildbiene.com (auf Deutsch) oder www.forum.hymis.de (in Englisch), kann man Unterstützung bei der Bestimmung fotografierter Tiere erhalten.

Finden Sie heraus, ob Ihre ermittelten Bienenarten bereits in Städten nachgewiesen wurden und welche Nistplatz- und Nahrungsansprüche die Tiere haben. Ausführliche Informationen über einige in Städten vorkommende Wildbienenarten finden Sie auf Seite 230 ff.

Nistplatzsuche

Geeigneter Ort: Kita- und Schulgelände, Gärten, Wiesen, Weg- und Waldsäume etc.
Materialien: Suchaufträge zur Nistplatzsuche, Fühlkästen mit Schneckenhäuschen, Totholz, Sand und Bambusstengeln, Kinderbuch von Möller (2008)
Alter der Zielgruppe: ab 4 Jahren

Inhalt und methodische Vermittlung:
Im Rahmen dieser Aktion sollten Kinder und Jugendliche mit den unterschiedlichen Nistweisen und Nistplatzansprüchen ausgewählter Bienenarten vertraut gemacht werden. Dazu werden Suchaufträge ausgeteilt, die einzeln oder in Kleingruppen durchgeführt werden können. Je nach zugeteilter Hummelart wird Ausschau nach Baumhöhlen, Eingängen zu unterirdischen Mäusenestern, dichten Grasbüscheln oder alten Vogelnestern gehalten. Wählen Sie für die Nistplatzsuche einen möglichst strukturreichen Ort aus, damit die Suche auch mit Erfolg gekrönt ist. Wurde ein passender Nistplatz gefunden, prägen sich die Teilnehmerinnen und

Teilnehmer die Umgebung und den Standort gut ein, indem sie diesen wie eine Hummelkönigin mehrfach umkreisen. Nachdem alle nach erfolgreicher Suche wieder am gemeinsamen Sammelpunkt zusammengetroffen sind, können die entdeckten Nistorte untereinander vorgestellt werden. Um zu zeigen, wie schwierig es Hummelköniginnen haben, vor allem in aufgeräumten Gegenden einen passenden Nistplatz zu finden, kann die Nistplatzsuche gegebenenfalls ein weiteres Mal an einem strukturärmeren Ort wiederholt werden.

Ebenso kann die Gruppe nach Nistplätzen verschiedener Solitärbienen suchen, zum Beispiel nach

- kleineren Felsspalten und -nischen, Mauerspalten oder offenen Fugen für die Schwarze Maskenbiene *(Hylaeus nigritus)*
- spärlich bewachsenen, halbschattigen Bodenstellen für die Fuchsrote Sandbiene *(Andrena fulva)*
- leeren Schneckenhäusern von Bänderschnecken (*Cepaea* spp.) oder Weinbergschnecken *(Helix pomatia)* für die Zweifarbige Schneckenhaus-Mauerbiene *(Osmia bicolor)*
- kleineren Käferfraßgängen in Totholz für die Gemeine Löcherbiene *(Heriades truncorum)*
- morschem Holz für die Wald-Pelzbiene *(Anthophora furcata)*
- markhaltigen Pflanzenstängeln, wie trockene Stängel bzw. Zweige von Distel, Brombeere oder Königskerze für die Gewöhnliche Keulhornbiene *(Ceratina cyanea)*
- älteren Schilfgallen für die Schilfgallen-Maskenbiene *(Hylaeus pectoralis)*

Bei der Bildungsarbeit mit Kindern im Alter von 4 bis 7 Jahren können im Vorfeld Fühlkästen mit ausgewählten «Nistmaterialien» der Wildbienen vorbereitet werden, wie leere Schneckenhäuser (Schneckenhaus-Mauerbiene), Totholz (Blattschneiderbiene), Sand (Sandbiene) oder Bambus (Mauerbiene). Die Gegenstände sollen von den Kindern nacheinander blind erfühlt und erraten werden. Mithilfe der Darstellungen im Kinderbuch von Möller (2008) kann jeweils kurz näher auf die Nistorte und Nistweisen der jeweiligen Bienenarten eingegangen werden. Im Anschluss sollten die Kinder sich im umliegenden Gelände auf die Suche nach den Materialien, die sie in den Kästen ertasteten, machen.

Erfassung von Nesteingängen unterirdisch nistender Bienen

Geeigneter Ort: Schulgelände, Gärten, Wiesen, Weg- und Waldsäume etc.
Materialien: Schreibunterlage, Papier (Forscherheft) und Stifte, Zähluhren, Kreide
Alter der Zielgruppe: ab 8 Jahren

Inhalt und methodische Vermittlung:
Auf gepflasterten Bürgersteigen, Hofeinfahrten oder gar Schulhöfen kann man immer wieder Nestansammlungen von erdnistenden Bienen entdecken (siehe Seite 109 f.). Auch hier kann das Fluggeschehen der Bienen von den Schülerinnen und Schülern intensiv beobachtet und protokolliert werden. Gemeinsam sollte auch herausgefunden werden, wie viele Nester an dem jeweiligen Ort von Bienenweibchen angelegt wurden. Die Teilnehmenden sollten zunächst lernen, die Spuren der Wildbienen zu lesen und von denen der Ameisen zu unterscheiden (siehe Seite 110). Im Anschluss werden sie in Zweierteams eingeteilt. Ausgestattet mit Kreide und Zähluhr (Handstückzähler) markieren und zählen sie die einzelnen Nesteingänge. Sind alle Sandhäufchen markiert, werden die Ergebnisse aller Zähluhren addiert, sodass die Größe der Nestaggregation eindeutig mit einer Zahl benannt werden kann.

Den gepflasterten Pausenhof oder Bürgersteig können Sie als Tafelersatz nutzen und hier mit einer Kreidezeichnung, z. B. von einem Querschnitt eines Sandbienennestes (siehe Seite 92), die Nestarchitektur und Brutfürsorge unterirdisch nistender Bienen veranschaulichen.

Auf diesem Bürgersteig markierten und zählten die Kinder mit Kreide und Handstückzählern insgesamt 128 Nesteingänge der Bärtigen Sandbiene *(Andrena barbilabris)*.

Pflanzenmemory

Geeigneter Ort: Kita- und Schulgelände, Gärten, Wiesen, Weg- und Waldsäume etc.
Materialien: Tuch, Pflanzenbestimmungsbuch, Lupen
Alter der Zielgruppe: ab 5 Jahren

Inhalt und methodische Vermittlung:
Sammeln Sie im Vorfeld je nach Zielgruppe bis zu zehn unterschiedliche Pflanzenarten (mit Blüte!) aus der näheren Umgebung. Darunter sollten sich neben einigen wenigen windbestäubten Arten wie Gräser oder Ampfer vorwiegend Nahrungsquellen für Bienen befinden wie Weiß-Klee, Gundermann, Taubnessel, Wicke, Rainfarn und viele weitere. Pflanzenarten, die vor Ort mit nur wenigen Exemplaren vorkommen oder gar gefährdet sind, sollten verschont bleiben.

Gesammelte Pflanzen werden nebeneinander auf den Boden gelegt und mit einem Tuch verdeckt. Nur kurzzeitig wird das Tuch weggenommen, damit sich die Teilnehmenden die einzelnen Arten und ihre Merkmale angucken und einprägen können. Die einzelnen Pflanzen sollten durchgezählt, kurz hochgehalten und anschließend wieder verdeckt werden.

Geben Sie den Kindern etwa 10 Minuten Zeit, um in der unmittelbaren Umgebung je ein Exemplar der gesehenen Pflanzen zu sammeln. Die Such- bzw. Sammelaktion kann auch in Kleingruppen erfolgen, damit nicht zu viele Pflanzen gepflückt werden. Nach Ablauf der vorgegebenen Zeit trifft die Gruppe wieder zusammen und die Funde werden mit den Pflanzen unter dem Tuch verglichen. Lassen Sie die Gruppe auffällige Merkmale wie Blütenform und -farbe, eventuell auch den Duft der Pflanzen, beschreiben. Gemeinsam sollten Sie die einzelnen Arten, so weit möglich, bestimmen.

Vielleicht haben die Schülerinnen und Schüler bereits eine Idee, welche der Pflanzen von Bienen und anderen Insekten zum Nektar- und Pollensammeln angeflogen werden und welche eher nicht. Woran können sie dies erkennen?

Eine an Insekten angepasste Blüte besitzt meist auffällig geformte und gefärbte Blütenblätter, duftet mehr oder weniger intensiv und besitzt Drüsen (= Nektarien), die Nektar produzieren. Wurden Goldnessel, Gefleckte Taubnessel oder Weiße Taubnessel abseits von Wegen und Straßen gepflückt, können die Kinder sogar den Nektar probieren. Hierfür zupft jedes Kind die Blüte vom Stängel ab und saugt leicht am unteren Ende.

Nehmen Sie auch die Staubgefäße sowie den Pollen unterschiedlicher Pflanzenarten unter die Lupe.

Hier wurden die Blüten von 10 unterschiedlichen Pflanzenarten einer Blühfläche im Rahmen des Pflanzenmemorys zusammengetragen.

Blütenreiche Flächen eignen sich hervorragend für gemeinsame Untersuchungen: Zahlreiche Bienen und andere Blütenbesucher summen hier umher.

Lockende Farbenpracht

Geeigneter Ort: Kita- und Schulgelände, Gärten, Wiesen, Weg- und Waldsäume etc.
Materialien: Malerpalette aus Pappe und doppelseitiges Klebeband
Alter der Zielgruppe: 4 bis 12 Jahre

Inhalt und methodische Vermittlung:
Finden Sie mit den Kindern heraus, wie vielfältig die Farben der Blüten sind, von denen Bienen und andere Insekten angelockt werden. Hierfür erhält jedes Kind eine aus Pappe nachgebastelte Malerpalette, die mit einigen Streifen doppelseitigen Klebebands versehen wurde. Bei einem Streifzug über eine Wiese oder Brache, entlang von Weg- oder Waldsäumen, werden unterschiedliche Blütenfarben gesucht und einzelne Blütenblattstücke (möglichst keine ganzen Blüten) auf das Klebeband der Malerpalette geklebt. Zum Abschluss werden die gesammelten Farben miteinander verglichen und gegenseitig bestaunt.

Mit älteren Kindern kann gegebenenfalls näher auf das Farbensehen der Bienen eingegangen werden. So ist der Bereich des für sie sichtbaren Farbenspektrums im Vergleich zum Menschen in Richtung des kurzwelligen UV-Lichts verschoben. Bienen können rote Farben nicht sehen, und rote Blüten wie Tulpen erscheinen für sie schwarz. Stattdessen erkennen Bienen jedoch das für den Menschen unsichtbare Ultraviolett.

Sortiert nach verschiedenen Farben werden die gesammelten Blütenteile auf die Malerpalette aufgeklebt.

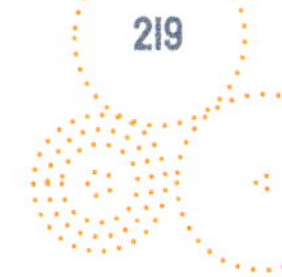

Pollen inspizieren und probieren

Geeigneter Ort: Kita- und Schulgelände, Gärten, Wiesen, Weg- und Waldsäume etc.
Materialien: Honigbienenpollen aus dem Reformhaus, Lupen, Tabelle mit Pollenfarben von www.bienenschade.de oder Abbildungen aus dem Hummel-Kinderbuch von Casta & Fagerberg (2017)
Alter der Zielgruppe: ab 8 Jahren

Inhalt und methodische Vermittlung:
Im Reformhaus oder beim Imker können Sie gelegentlich Gläser mit von Honigbienen gesammelten Pollenklümpchen kaufen. Kleine Portionen dieser Pollenklümpchen sollten Sie bei diesem Programmpunkt an die Gruppe verteilen. Bevor die Pollenklümpchen probiert werden, werden sie unter der Lupe betrachtet und vor allem ihre Farben in Augenschein genommen. Die jeweilige Färbung der Klümpchen unterscheidet sich in Abhängigkeit davon, von welcher Pflanzenart die einzelnen Pollenkörnchen stammen. Gelbe Pollenkörner könnten beispielsweise von Raps, Weide, Brombeere, Gänseblümchen, Kornelkirsche oder Efeu stammen, blaue von Büschelschön, Lupine oder Blaustern, grüne von Klatschmohn, dunkelrote von Rosskastanie, Spargel oder Purpurroter Taubnessel. Nehmen Sie auch die Staubgefäße der Pflanzen unter die Lupe, die Sie in der unmittelbaren Umgebung finden, und vergleichen Sie die Pollenfarben. Wenn Sie pollenbeladene Bienen beobachten oder fangen, achten Sie ebenfalls auf die Pollenkörnchen in der Bauch- oder Schienenbürste. Informationen zu den Pollenfarben unterschiedlicher Pflanzen finden Sie unter www.die-honigmacher.de oder www.bienenschade.de. Für Grundschulkinder finden Sie zudem Abbildungen und Erzählungen zu den Pollenhöschen der Hummeln im Kinderbuch von Casta & Fagerberg (2017).

In diesem Zusammenhang können Sie außerdem verschiedene Pollensammelmechanismen der Bienen sowie die Bedeutung des eiweißreichen Blütenstaubs für die Tiere ansprechen. Es kann der Hinweis gegeben werden, dass auch wir Menschen unter anderem für den Zell- und Gewebeaufbau Eiweiß (= Protein) benötigen. Sammeln Sie im Dialog Beispiele für eiweißreiche Lebensmittel wie Fleisch, Fisch, Milchprodukte, Eier, Nüsse und Hülsenfrüchte, darunter Erbsen, Bohnen und Sojabohnen.

Abhängig von der Zielgruppe können Sie in diesem Rahmen auch näher auf die Blütenbestäubung und die Koevolution von Bienen und Pflanzen eingehen.

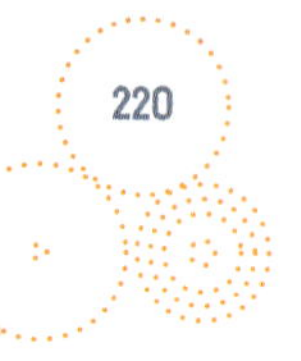

Oligolektische Bienen ihren Futterquellen zuordnen

Geeigneter Ort: Schulgelände, blütenreiche Gärten, Wiesen, Weg- und Waldsäume etc.
Materialien: Kärtchen mit oligolektischen Bienenarten
Alter der Zielgruppe: ab 10 Jahren

Inhalt und methodische Vermittlung:
Haben Sie im Rahmen des Pflanzenmemorys oder anderer Sammelaktionen unterschiedliche «Bienenfutterpflanzen» zusammengetragen, können Sie auch auf deren Bedeutung für streng spezialisierte Bienenarten eingehen. Hierfür sollten Sie Kärtchen mit Namen ausgewählter oligolektischer Bienenarten versehen und an die Teilnehmenden verteilen. Die jeweilige Pollenquelle der Bienen können Sie ebenfalls auf den Kärtchen notieren oder von Ihren Schülerinnen und Schülern zum Beispiel im Werk von Scheuchel & Willner (2016) recherchieren lassen. Wie bei den folgenden Arten weisen gelegentlich auch die deutschen Namen der Bienen auf die jeweilige Spezialisierung hin:

- Hahnenfuß-Scherenbiene *(Chelostoma florisomne)*, spezialisiert auf Hahnenfußgewächse (Ranunculaceae)
- Platterbsen-Mörtelbiene *(Megachile ericetorum)*, spezialisiert auf Schmetterlingsblütler (Fabaceae)
- Lauch-Maskenbiene *(Hylaeus punctulatissimus)*, spezialisiert auf verschiedene Laucharten (*Allium* spp.)
- Rainfarn-Seidenbiene *(Colletes similis)*, spezialisiert auf Korbblütler (Asteraceae), vor allem Rainfarn *(Tanacetum vulgare)*
- Glockenblumen-Scherenbiene *(Chelostoma rapunculi)*, spezialisiert auf Glockenblumen (*Campanula* spp.)
- Glockenblumen-Sägehornbiene *(Melitta haemorrhoidalis)*, spezialisiert auf Glockenblumen
- Frühe Doldensandbiene *(Andrena proxima)*, spezialisiert auf Doldenblütler (Apiaceae)
- Natternkopf-Mauerbiene *(Osmia adunca)*, spezialisiert auf Natternkopf (*Echium* spp.)

Die jeweilige Familien- bzw. Gattungszugehörigkeit der gesammelten Pflanzen sollte von den Teilnehmerinnen und Teilnehmern ermittelt werden; hilfreich ist hierbei ein Pflanzenbestimmungsbuch. Im Anschluss werden die vorbereiteten

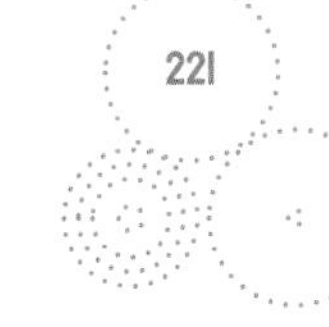

Kärtchen mit den oligolektischen Bienenarten den jeweiligen Pflanzen bzw. den potenziellen Pollenquellen zugeordnet. Deutlich wird hierbei, wie viele Spezialisten am untersuchten Ort Nahrung in Form von Pollen finden können und welche Pflanzenfamilien bzw. -gattungen möglicherweise noch zur Förderung weiterer Bienenarten angepflanzt werden könnten.

ANLAGE EINES HERBARS

Die im Rahmen unterschiedlicher Aktionen gesammelten «Bienenfutterpflanzen» können Sie in der Natur belassen oder aber auch mit den Schülerinnen und Schülern gemeinsam herbarisieren.
Hierfür benötigen Sie:

- Pflanzenpresse oder 2 Bretter sowie Utensilien zum Beschweren (Bücher, Steine etc.)
- Zeitungs- oder Löschpapier
- (Karton-)Papier und Tesafilm
- Stift und Etiketten

Die Pflanzen werden sorgfältig zwischen trockenes Papier in die Pflanzenpresse gelegt oder mit Brett und Büchern beschwert. Wird zum Trocknen Zeitungspapier verwendet, sollte zwischen Pflanze und Zeitung ein unbedrucktes Blatt liegen, damit die Druckerschwärze keine Pflanzenteile verfärbt. Das Trocknen dauert etwa zwei Wochen. In dieser Zeit sollte das Papier regelmäßig gewechselt werden, damit die gepressten Pflanzen nicht schimmeln. Nach dem Trocknen werden sie mit durchsichtigem Klebeband auf das Kartonpapier geklebt, ebenso wie ein Etikett, auf dem die deutsche und wissenschaftliche Bezeichnung der gepressten Pflanze, die Pflanzenfamilie, der Fundort, das Sammeldatum, der Name des Sammlers sowie gegebenenfalls die Namen der oligolektischen Bienen, die an dieser Pflanze Pollen sammeln, notiert werden.

Wildbienen und Bestäubung

Geeigneter Ort: Schulgelände, Garten, Obstwiese etc.
Materialien: «Einsteins Mahnung», Lunchpakete
Alter der Zielgruppe: ab 8 Jahren

Inhalt und methodische Vermittlung:
Um die Bestäubungsleistung der Bienen und ihre Bedeutung für Mensch und Natur hervorzuheben, kann einleitend auf folgendes Zitat eingegangen werden:

> *«Wenn die Biene einmal von der Erde verschwindet, hat der Mensch nur noch vier Jahre zu leben. Keine Bienen mehr, keine Bestäubung mehr, keine Pflanzen mehr, keine Tiere mehr, kein Mensch mehr.»*

Angeblich stammen die Zeilen von Albert Einstein. Auch wenn die Herkunft umstritten ist, sollte die Botschaft dieser Mahnung von der Gruppe besprochen werden. Dabei sollte der Hinweis gegeben werden, dass dieses Zitat nicht wörtlich zu nehmen ist, da den Hauptbestandteil menschlicher Nahrung windbestäubte Getreidearten wie Reis, Mais, Weizen, Gerste oder Hirse bilden. Doch werden fast alle essbaren Obst- und Gemüsearten sowie zahlreiche Gewürzpflanzen von Bienen bestäubt. Ohne diese Leistung würden Apfel, Birne, Kirsche, Blaubeere, Wassermelone, Bohne, Tomate, Gurke, Kürbis, Cashew- und Macadamiakerne, Kakao, Vanille, Fenchel und viele andere Arten in deutlich geringeren Mengen oder gar nicht mehr auf unserem Speiseplan stehen. Auch müssten wir vermutlich auf weniger tierische Produkte wie Fleisch und Käse zurückgreifen, da einige Futterpflanzen wie Raps und Sojabohne sowie diverse Kleearten mehr oder weniger auf die Bestäubung durch Insekten angewiesen sind.

Überlegen Sie in den Frühstücks- oder Mittagspausen gemeinsam, welche Lebensmittel und Getränke weniger oder gar nicht in den Lunchpaketen wären, wenn eine Bestäubung durch Bienen oder andere Insekten nicht stattfinden könnte. Besprechen Sie, welche der Lebensmittel für uns Menschen wichtig sind und welche von uns gegessen werden, weil sie einfach nur gut schmecken.

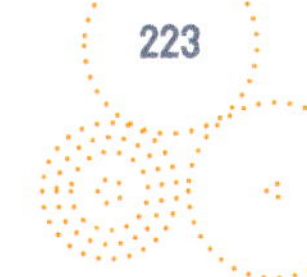

Räumliche Verzahnung von Wildbienenlebensräumen

Geeigneter Ort: Kita- und Schulgelände, Gärten, Wiesen, Weg- und Waldsäume etc.

Alter der Zielgruppe: ab 10 Jahren

Materialien: Schreibunterlage, Papier (Forscherheft) und Stift, Maßband

Inhalt und methodische Vermittlung:

Nachdem Ihre Gruppenmitglieder bereits Nahrungs- und Nistplatzansprüche unterschiedlicher Bienenarten kennenlernen durften, sollte ihnen ebenfalls veranschaulicht werden, wie bedeutsam die unmittelbare räumliche Verbindung dieser Strukturen ist. Hierfür werden die Sammelflugdistanzen ausgewählter Bienenarten auf einem 10m-Maßband eingeordnet. Die 10m-Marke steht für eine Strecke von 10 km, was in etwa der maximalen Sammelflugdistanz der Honigbiene entspricht. 1,7 m steht für 1,7 km, der Sammelflugdistanz der Dunklen Erdhummeln, 1,5 m für 1,5 km, der Sammelflugdistanz der Steinhummel, und alles unter 1 m für weniger als 1 km Sammelflugdistanz. Hier können zum Beispiel folgende Wildbienen eingeordnet werden:

- die Efeu-Seidenbiene *(Colletes hederae)* mit einer Sammelflugdistanz von 1 km
- die Rotbeinige Körbchensandbiene *(Andrena dorsata)* mit einer Sammelflugdistanz von 650 m
- die Luzerne-Blattschneiderbiene *(Megachile rotundata)* mit einer Sammelflugdistanz von 500 m
- die Graue Sandbiene *(Andrena cineraria)* mit einer Sammelflugdistanz von 300 m
- die Mooshummel *(Bombus muscorum)* mit einer Sammelflugdistanz von 200 m
- die Hahnenfuß-Scherenbiene *(Chelostoma florisomne)* mit einer Sammelflugdistanz von 150 m

Die genannten Sammelflugdistanzen stammen aus dem Werk von Zurbuchen & Müller (2012). Hier finden Sie gegebenenfalls auch noch Angaben zu Flugdistanzen weiterer Arten.

Im anschließenden Dialog mit der Gruppe kann diskutiert werden, welche Auswirkungen große Distanzen zwischen Nahrungs- und Nistplätzen haben könnten (siehe Seite 50 f.).

Wildbienenlebensräume erfassen

Geeigneter Ort: Privat- und Schulgelände
Materialien: Schreibunterlage, Papier (Forscherheft) und Stift, Fotoapparat
Alter der Zielgruppe: ab 10 Jahren

Inhalt und methodische Vermittlung:
Sind die Schülerinnen und Schüler mit der Lebensweise und den Lebensraumansprüchen einiger Wildbienen vertraut, sollten Sie mit Ihnen den Schulhof hinsichtlich seiner Bienenfreundlichkeit prüfen. Hierfür werden zunächst Karten des Geländes angefertigt. Diese können wie «professionelle» Karten unter anderem Überschrift, Nordpfeil und Maßstab enthalten. Zur Unterstützung kann bei Bedarf ein Luftbild herangezogen werden.

Bei einer Erkundungstour in Kleingruppen werden Wildbienenlebensräume auf dem Schulhof erfasst und Niststrukturen wie Totholz, offene Bodenstellen, abgestorbene Pflanzenstängel etc. sowie Trachtflächen (evtl. mit Angaben zu den dort wachsenden Pflanzenarten) in der Karte markiert. Anschließend werden die Ergebnisse untereinander verglichen und besprochen. Wurden die Karten maßstabsgetreu angefertigt, können zudem die Entfernungen zwischen Niststrukturen und Nahrungsflächen ermittelt werden. Die Teilnehmenden sollten diskutieren, ob Nahrung und Nistorte für unterschiedliche Bienenarten auf dem Schulgelände vorhanden und diese ausreichend miteinander verzahnt sind.

Wildbienen fördern

Geeigneter Ort: Kita- und Schulgelände
Materialien: Zeitungsartikel, Wildbienenliteratur, Karte vom Schulgelände, Materialien zum Bau von Nisthilfen (siehe Seite 186 ff.)
Alter der Zielgruppe: ab 10 Jahren

Inhalt und methodische Vermittlung:
Bevor Sie mit Ihrer Gruppe im Wildbienenschutz aktiv werden, gehen Sie nochmals den Gefährdungsursachen der Wildbienen auf den Grund. Dies kann unter anderem über einen gemeinsamen Rückblick auf vergangene Programmpunkte oder eine Kleingruppen- und Recherchearbeit in Zeitungen, Literatur und Internet erfolgen. Im Plenum werden die Ergebnisse ebenso wie nötige und mögliche Gegenmaßnahmen besprochen. Wenn Ihre Teilnehmenden das Schulgelände bereits hinsichtlich seiner Bienenfreundlichkeit geprüft haben, tragen Sie zusammen, ob und mit welchen Maßnahmen das Gelände für Bienen und andere Insekten noch aufgewer-

tet werden kann. In einer Karte wird dargestellt, wo die zusammengetragenen Fördermaßnahmen umgesetzt werden sollen.

Nachdem Groß und Klein sich intensiv mit den Tieren auseinandersetzen und eine emotionale Verbundenheit zu den sensiblen Geschöpfen aufbauen konnten, haben sie auch besonders große Freude daran, für die Bienen aktiv zu werden. Auch mit Kindergartenkindern können Sie neue Nistplätze und Trachtquellen schaffen, indem Sie Nisthilfen bauen oder ausgewählte Nahrungspflanzen säen, pflanzen oder wachsen lassen (siehe Seite 171 ff.). Wenn Sie neue Nistplätze und Trachtflächen schaffen, sollten diese im Jahres- bzw. Projektverlauf immer wieder besucht und beobachtet werden. Erfolge können von der Gruppe protokolliert, fotografiert und zelebriert werden. Mit den im Projekt entstandenen Fotos, Zeichnungen,

Die individuell bemalten Nisthilfen (die im Gegensatz zu unseren Empfehlungen ins Stirnholz gebohrt worden sind) trocknen noch in der Sonne, bevor sie auf dem Kita-Gelände an geeigneten Orten aufgehängt werden.

Protokollen, Karten o. Ä. können Sie darüber hinaus mit einer Collage Mitschülerinnen und Mitschülern, Lehrern und auch Eltern über Ihre Erfolge im Bienenschutz berichten.

Weitere Aktionsbeispiele rund um Wildbienen

Weitere Anregungen, Informationen und Aktionen zur Durchführung eines Bienenprojektes in Schule, Kita oder in Ihrem Zuhause finden Sie vor allem in den Büchern bzw. Arbeitsblättern von Hallmen (1997), Hintermeier (2000), Millett et al. (2016), Radkowitsch (2013) sowie Witte & Seger (1999), in den Online-Veröffentlichungen vom NABU Oldenburger Land (o. J.) sowie vom Netzwerk Blühende Landschaft (o. J.) und auf den Internetplattformen www.wildbee.ch sowie www.wildbienen-umweltbildung.de.

Nutzen Sie die Vielzahl an Möglichkeiten, mit denen wir Wissenswertes über Wildbienen an unsere jungen Mitmenschen vermitteln können. Unsere Erfahrungen zeigen, dass Erwachsene, Jugendliche und Kinder durch die unmittelbare Begegnung und die intensive Auseinandersetzung mit den Tieren an Nisthilfen, natürlichen Nistplätzen und Trachtflächen schnell von den Wildbienen fasziniert und bereit sind, zu ihrem Schutz beizutragen. Dies gilt es zu fördern. Denn nur gemeinsam können wir dem dramatischen Rückgang der Wildbienen Schritt für Schritt entgegenwirken.

Verwendete Quellen

Aizen et al. (2009); Amiet & Krebs (2012); Bellmann (2010); Bertsch (1975);Bögeholz (1999); Casta & Fagerberg (2017); Hallmen (1997); Hintermeier (2000); IPBES (2016); Lude (2001); Millett et al. (2016); Möller (2004); NABU Oldenburger Land (o. J.); Netzwerk Blühende Landschaft (o. J.); Pestalozzi (1801); Radkowitsch (2013); Scheuchl & Willner (2016); Spohn et al. (2015), Westrich (2014); Witt (2015); Witt (2017); Witte & Seger (1999); Zucchi & Junker (2002); Zurbuchen & Müller (2012); www.bienenschade.de; www.bioform.de; www.die-honigmacher.de; www.forum.hymis.de; www.wilbee.ch; www.wildbienen-umweltbildung.de; www.wildbienen.de; www.wildbiene.com

Das Thema Wildbienen können Sie vielfältig mit Kindern und Jugendlichen bearbeiten. So bastelten uns Kinder und Erzieher einer Kindertagestätte als besonderes Dankeschön für die Bildungsarbeit fantasievolle Pappmaché-Bienen.

Wiesenhummel *(Bombus pratorum)* beim Nektarsaugen an einer weiblichen Weidenblüte

ANHANG

Übersicht: Wildbienen in der Stadt

Synanthrope sowie weitere in diesem Buch vorgestellte Bienenarten, die in mitteleuropäischen Stadtgebieten vorkommen können

Neben den hier angegebenen Bienen können Sie in Ihrer Stadt viele weitere Arten beobachten.

Nr.	Wissenschaftliche Bezeichnung	Deutscher Name	Pollenquelle
Familie: Apidae			
Unterfamilie: Colletinae			
Gattung: *Hylaeus* (Maskenbienen)			
1	*Hylaeus brevicornis*	Kurzfühler-Maskenbiene	polylektisch
2	*Hylaeus communis*	Gewöhnliche Maskenbiene	polylektisch
3	*Hylaeus hyalinatus*	Mauer-Maskenbiene	polylektisch
4	*Hylaeus nigritus*	Rainfarn-Maskenbiene	Korbblütler
5	*Hylaeus punctulatissimus*	Lauch-Maskenbiene	Amaryllisgewächse (Lauch)
6	*Hylaeus signatus*	Reseden-Maskenbiene	Resedengewächse
Gattung: *Colletes* (Seidenbienen)			
7	*Colletes cunicularius*	Frühlings-Seidenbiene	Weidengewächse
8	*Colletes daviesanus*	Buckel-Seidenbiene	Korbblütler
9	*Colletes fodiens*	Filzbindige Seidenbiene	Korbblütler
10	*Colletes hederae*	Efeu-Seidenbiene	Efeugewächse
11	*Colletes similis*	Rainfarn-Seidenbiene	Korbblütler

Nistplätze	D	CH	synanthrop
selbstgenagt in markhaltige Pflanzenstängel, Käferfraßgänge in Totholz	•	•	ja
Käferfraßgänge in Totholz, hohle Pflanzenstängel, Mauerrisse, Pflanzengallen	•	•	ja
Käferfraßgänge in Totholz, hohle Pflanzenstängel, Mauerrisse, Pflanzengallen	•	•	ja
Mauerfugen und -risse	•	•	
diverse Hohlräume, insbesondere Käferfraßgänge in Totholz	G	3	ja
Käferfraßgänge in Totholz, hohle Pflanzenstängel, Mauerrisse, Pflanzengallen	•	•	

selbstgegraben, Sand und Löss, horizontal bis schwach geneigt, auch Steilwände	•	2	
selbstgegraben, Sand und Löss, v. a. Steilwände (auch Sandstein)	•	•	ja
selbstgegraben, Sand und Löss, kahl bis schütter bewachsen	3	3	
selbstgegraben, Sand und Löss, kahl bis schütter bewachsen, horizontal bis schwach geneigt sowie Abbruchkanten	•	•	
selbstgegraben, Sand, kahl bis schütter bewachsen, horizontal bis schwach geneigt, auch Abbruchkanten	V	3	

Nr.	Wissenschaftliche Bezeichnung	Deutscher Name	Pollenquelle
Unterfamilie: Andreninae			
Gattung: *Andrena* (Sandbienen)			
12	*Andrena barbilabris*	Bärtige Sandbiene	polylektisch
13	*Andrena bicolor*	Zweifarbige Sandbiene	polylektisch
14	*Andrena cineraria*	Grauschwarze Düstersandbiene	polylektisch
15	*Andrena clarkella*	Rotbeinige Lockensandbiene	Weidengewächse
16	*Andrena dorsata*	Rotbeinige Körbchensandbiene	polylektisch
17	*Andrena flavipes*	Gewöhnliche Bindensandbiene	polylektisch
18	*Andrena fulva*	Fuchsrote Lockensandbiene	polylektisch
19	*Andrena haemorrhoa*	Rotschopfige Sandbiene	polylektisch
20	*Andrena helvola*	Schlehen-Lockensandbiene	polylektisch
21	*Andrena nigroaenea*	Erzfarbene Düstersandbiene	polylektisch
22	*Andrena nitida*	Glänzende Düstersandbiene	polylektisch
23	*Andrena proxima*	Frühe Doldensandbiene	Doldenblütler
24	*Andrena praecox*	Frühe Lockensandbiene	Weidengewächse
25	*Andrena scotica*	Gesellige Sandbiene	polylektisch
26	*Andrena vaga*	Große Weiden-Sandbiene	Weidengewächse
27	*Andrena ventralis*	Rotbauch-Sandbiene	Weidengewächse
Unterfamilie: Halictinae			
Gattung: *Halictus* (Furchenbienen)			
28	*Halictus tumulorum*	Gewöhnliche Goldfurchenbiene	polylektisch
29	*Halictus scabiosae*	Gelbbindige Furchenbiene	polylektisch

Nistplätze	D	CH	synanthrop
selbstgegraben, Sand, schütter bewachsen, horizontal bis leicht geneigt, auch sandige Pflasterfugen	V	3	
selbstgegraben, unterschiedliche Böden, kahl bis schütter bewachsen	•	•	ja
selbstgegraben, sandige, lehmige oder humose Böden, kahl bis schütter bewachsen	•	3	
selbstgegraben, sandige bis humose Böden, kahl bis schütter bewachsen, in Wäldern	•	3	
selbstgegraben, Sand und Lehm, kahl bis schütter bewachsen	•	•	
selbstgegraben, Sand und Lehm, kahl und schütter bis dicht bewachsen	•	•	
selbstgegraben, kahl bis schütter bewachsen	•	•	ja
selbstgegraben, sandige, lehmige und humose Böden, schütter bis dicht bewachsen	•	•	ja
selbstgegraben, unterschiedliche Böden, vegetationsarm	•	•	ja
selbstgegraben, humose Böden, auch Steilwände, kahl bis schütter bewachsen	•	•	ja
selbstgegraben, unterschiedliche Böden, kahl bis schütter bewachsen	•	•	ja
selbstgegraben, Sand und Lehm, kahl bis schütter bewachsene Flächen	•	•	
selbstgegraben, Sand und Löss, kahl bis schütter bewachsen	•	3	
selbstgegraben, kahl bis schütter bewachsen, auch Lehmfugen	•	•	
selbstgegraben, kahl bis schütter bewachsen, auch Lehmfugen	•	•	
selbstgegraben, Sand, Löss, selten Lehm, kahl bis schütter bewachsen	•	•	
selbstgegraben, auch humose Böden, meidet lockeren Sand, kahl bis schütter bewachsen	•	•	ja
selbstgegraben, Sand, Löss oder lockerer Lehm, kahl bis schütter bewachsen, horizontal bis geneigt	•	•	ja

Nr.	Wissenschaftliche Bezeichnung	Deutscher Name	Pollenquelle
Gattung: *Lasioglossum* (Schmalbienen)			
30	*Lasioglossum calceatum*	Gewöhnliche Schmalbiene	polylektisch
31	*Lasioglossum laticeps*	Breitkopf-Schmalbiene	polylektisch
32	*Lasioglossum morio*	Dunkelgrüne Schmalbiene	polylektisch
33	*Lasioglossum malachurum*	Feldweg-Schmalbiene	polylektisch
34	*Lasioglossum nitidulum*	Grünglanz-Schmalbiene	polylektisch
35	*Lasioglossum sexstrigatum*	Sechsstreifige Schmalbiene	polylektisch
Unterfamilie: Melittinae			
Gattung: *Melitta* (Sägehornbienen)			
36	*Melitta haemorrhoidalis*	Glockenblumen- Sägehornbiene	Glockenblumengewächse
37	*Melitta leporina*	Luzerne-Sägehornbiene	Schmetterlingsblütler
Gattung: *Macropis* (Schenkelbienen)			
38	*Macropis europaea*	Auen-Schenkelbiene	Primelgewächse (Gilbweide
Gattung: *Dasypoda* (Hosenbienen)			
39	*Dasypoda hirtipes*	Dunkelfransige Hosenbiene	Korbblütler
Unterfamilie: Megachilinae			
Gattung: *Anthidium* (Woll- und Harzbienen)			
40	*Anthidium manicatum*	Garten-Wollbiene	polylektisch
41	*Anthidium oblongatum*	Felsspalten-Wollbiene	polylektisch
Gattung: *Stelis* (Düsterbienen)			
42	*Stelis breviuscula*	Gemeine Düsterbiene	–

Nistplätze	D	CH	synanthrop
selbstgegraben, kahl bis schütter, gelegentlich dicht bewachsen, horizontal bis leicht geneigt	•	•	ja
selbstgegraben, Sand, Löss und Lehm, kahl bis schütter bewachsen, horizontal bis vertikal, auch lehmverfugte Mauern	•	•	
selbstgegraben, kahl bis schütter bewachsen, horizontal bis vertikal, auch Mörtelfugen, Wurzelballen umgestürzter Bäume, alte Sandsteinmauern	•	•	ja
selbstgegraben, bevorzugt verdichteten Boden, kahl bis schütter bewachsen, horizontal	•	•	ja
selbstgegraben, Steilwände, Trockenmauern und Mauerfugen, selten ebene Flächen	•	•	ja
selbstgegraben, kahl bis schütter bewachsen, auch sandige Pflasterfugen	•	3	
selbstgegraben, diverse Bodenarten, schütter bis dichter bewachsen, eben bis schwach geneigt	•	•	
unterschiedliche Böden	•	•	
unterschiedliche Böden, dicht bewachsen, Böschungen und Erdabbrüche	•	•	
sandige und lössige Böden, kahl bis schütter bewachsen, horizontal	V	3	
unterschiedliche vorhandene Hohlräume, z. B. Erdlöcher, Felsspalten, alte Pelzbienennester	•	•	ja
unterschiedliche vorhandene Hohlräume	V	•	ja
Heriades truncorum, möglicherweise auch *Chelostoma rapunculi*	•	•	

Nr.	Wissenschaftliche Bezeichnung	Deutscher Name	Pollenquelle
Gattung: *Megachile* (Blattschneider- u. Mörtelbienen)			
43	*Megachile ericetorum*	Platterbsen-Mörtelbiene	Schmetterlingsblütler
44	*Megachile willughbiella*	Garten-Blattschneiderbiene	polylektisch
Gattung: *Heriades* (Löcherbienen)			
45	*Heriades truncorum*	Gewöhnliche Löcherbiene	Korbblütler
Gattung: *Chelostoma* (Scherenbienen)			
46	*Chelostoma campanularum*	Kurzfransige Scherenbiene	Glockenblumengewächse
47	*Chelostoma distinctum*	Langfransige Scherenbiene	Glockenblumengewächse
48	*Chelostoma florisomne*	Hahnenfuß-Scherenbiene	Hahnenfußgewächse
49	*Chelostoma rapunculi*	Glockenblumen-Scherenbiene	Glockenblumengewächse
Gattung: *Osmia* (Mauerbienen)			
50	*Osmia adunca*	Natternkopf-Mauerbiene	Raublattgewächse (Natternkopf)
51	*Osmia bicolor*	Zweifarbige Schneckenhausbiene	polylektisch
52	*Osmia bicornis*	Rostrote Mauerbiene	polylektisch
53	*Osmia caerulescens*	Blaue Mauerbiene	polylektisch
54	*Osmia cornuta*	Gehörnte Mauerbiene	polylektisch
55	*Osmia niveata*	Einhöckerige Mauerbiene	Korbblütler
Unterfamilie: Apinae			
Gattung: *Anthophora* (Pelzbienen)			
56	*Anthophora furcata*	Wald-Pelzbiene	Lippenblütler
57	*Anthophora plumipes*	Frühlings-Pelzbiene	polylektisch
Gattung: *Melecta* (Trauerbienen)			
58	*Melecta albifrons*	Frühlings-Trauerbiene	–

Nistplätze	D	CH	synanthrop
vorhandene Hohlräume in Totholz, Steilwänden, hohlen Pflanzenstängel und Mauerfugen, Felsspalten	•	•	
vorhandene Hohlräume in Totholz, Steilwänden, hohlen Pflanzenstängel sowie selbst genagte Gänge in Boden oder Morschholz	•	•	
vorhandene Hohlräume, meist Käferfraßgänge in Totholz oder hohle Pflanzenstängel	•	•	ja
lineare Hohlräume, meist Käferfraßgänge in Totholz, auch Schilfhalme in Reetdächern	•	•	ja
lineare Hohlräume, meist Käferfraßgänge in Totholz und Schilfhalme	•	•	ja
lineare Hohlräume, meist Käferfraßgänge in Totholz	•	•	ja
lineare Hohlräume, meist Käferfraßgänge in Totholz	•	•	ja
vorhandene Hohlräume, wie Käferfraßgänge, hohle Stängel, Löcher in Steilwänden	•	•	
leere, mittelgroße Schneckenhäuser vor allem von Schnirkelschnecken (*Cepaea* spp.)	•	•	
verschiedene vorhandene Hohlräume	•	•	ja
verschiedene vorhandene Hohlräume, vorwiegend Käferfraßgänge in Totholz, hohle Pflanzenstängel und Löcher in Steilwände	•	•	ja
verschiedene vorhandene Hohlräume	•	•	ja
vorhandene Hohlräume, vorwiegend Käferfraßgänge in Totholz oder hohle Pflanzenstängel	3	•	
selbstgenagt im morschen Totholz	V	•	
selbstgegraben in Steilwänden, bevorzugt sandige, lössige oder lehmige Böden	•	•	ja
Anthophora plumipes und weitere Pelzbienenarten	•	•	ja

Nr.	Wissenschaftliche Bezeichnung	Deutscher Name	Pollenquelle
Gattung: *Ceratina* (Keulhornbienen)			
59	*Ceratina cyanea*	Gewöhnliche Keulhornbiene	polylektisch
Gattung: *Nomada* (Wespenbienen)			
60	*Nomada alboguttata*	Weißfleckige Wespenbiene	–
61	*Nomada fucata*	Gewöhnliche Wespenbiene	–
62	*Nomada lathburiana*	Rothaarige Wespenbiene	–
Gattung: *Bombus* (Hummeln u. Kuckuckshummeln)			
63	*Bombus barbutellus*	Bärtige Kuckuckshummel	-
64	*Bombus hortorum*	Gartenhummel	polylektisch
65	*Bombus hypnorum*	Baumhummel	polylektisch
66	*Bombus lapidarius*	Steinhummel	polylektisch
67	*Bombus lucorum*	Helle Erdhummel	polylektisch
68	*Bombus norvegicus*	Norwegische Kuckuckshummel	–
69	*Bombus pascuorum*	Ackerhummel	polylektisch
70	*Bombus pratorum*	Wiesenhummel	polylektisch
71	*Bombus sylvestris*	Wald-Kuckuckshummel	-
72	*Bombus terrestris*	Dunkle Erdhummel	polylektisch
73	*Bombus vestalis*	Keusche Kuckuckshummel	–

Nistplätze	D	CH	synanthrop
selbstgenagt in dürren markhaltigen Stängeln und Zweigen	•	•	ja

Andrena barbilabris, A. ventralis	•	3	
Andrena flavipes	•	•	
Andrena cineraria, A. vaga und weitere Sandbienen	•	3	

Bombus hortorum, evtl. *Bombus ruderatus*	•	•	ja
vorhandene Hohlräume, oberirdisch in Vogelnestern, Nistkästen, Gebäuden und unterirdisch in Mäusenestern	•	•	ja
vorhandene Hohlräume, oberirdisch in Baumhöhlen, Felsspalten, Nistkästen, Dachböden	•	•	ja
vorhandene Hohlräume, meist oberirdisch in Baumhöhlen, Nistkästen, auch unterirdisch in Mäusenestern	•	•	ja
vorhandene Hohlräume, unterirdisch in Mäusenestern	•	•	ja
Bombus hypnorum	•	•	ja
vorhandene Hohlräume, unterirdisch in Mäusenestern, oberirdisch in Krautschicht, Baumhöhlen, Nistkästen	•	•	ja
vorhandene Hohlräume, unterirdisch in Mäusenestern, oberirdisch in Krautschicht, Baumhöhlen, Nistkästen	•	•	ja
Bombus pratorum	•	•	ja
vorhandene Hohlräume, meist unterirdisch in Mäusenestern, gelegentlich oberirdisch in Baumhöhlen, Nistkästen	•	•	ja
Bombus terrestris, B. lucorum	•	•	ja

2 = stark gefährdet
3 = gefährdet
V = Vorwarnliste
G = Gefährdung unbekannten Ausmaßes
• = ungefährdet oder nicht bewertet

Systematik und Nomenklatur nach Westrich (2018), Nomenklatur nach Westrich et al. (2011), deutsche Benennung sowie Angaben zu Pollenquellen, Nistplätzen und Wirtsbienen nach Scheuchl & Willner (2016), Rote Liste Status für Deutschland nach Westrich et al. (2011), Rote Liste Status für die Schweiz nach Amiet (1994), Angabe zur Synanthropie nach Westrich (2018).

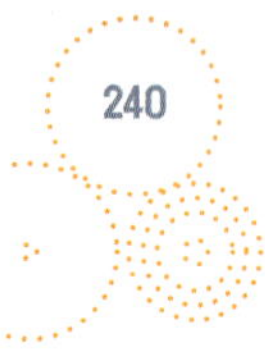

Fachbegriffe kurz erläutert

Abdomen: Hinterleib der Insekten

autochthon: bodenständig, biotopeigen, im selben Lebensraum oder Gebiet entstanden. Gegensatz dazu: allochthon = biotopfremd

Beute: Holz- oder Styroporkästen, in denen in der Imkerei Honigbienen gehalten werden

bivoltine Arten: Bezeichnung für Solitärbienen und andere Insekten, bei denen zwei Generationen in einem Jahr auftreten

Bürste: bürstenartige Behaarung auf den Innenseiten der verbreiterten Hinterfersen bei Honigbienen

Caput: Kopf der Insekten

Chitin: Bezeichnung für den Stoff, aus dem die feste Außenhülle (die Cuticula) der Insekten besteht. Chemisch handelt es sich um ein stickstoffhaltiges Polysaccharid.

Diapause: Ruhephase bei der Entwicklung von Insekten

Drohne: männliche Biene

Entomologe: Insektenkundler

eusozial: Bezeichnung für die organisierte und soziale Lebensweise bei Bienen und anderen Insekten

extraflorale Drüsen: Drüsen von Blütenpflanzen, die bestimmte Stoffe produzieren und nicht in den Blüten liegen, zum Beispiel extraflorale Nektarien

Fungizid: chemischer Wirkstoff, der Pilze und deren Sporen abtötet (Pilzbekämpfungsmittel)

Glyphosat: ein sogenanntes Totalherbizid, also ein chemischer Wirkstoff, der alle Pflanzen abtötet, es sei denn, es handelt sich um genetisch veränderte Nutzpflanzen

Herbizid: chemischer Wirkstoff, der je nach Zusammensetzung alle oder nur bestimmte Pflanzen abtötet (Unkrautbekämpfungsmittel)

Imago/Imagines: letztes Entwicklungsstadium bei den Insekten, z. B. eine ausgewachsene, geflügelte Biene

Insektizid: chemischer Wirkstoff, der Insekten und ihre unterschiedlichen Entwicklungsstadien abtötet (Insektenbekämpfungsmittel)

Kamm: feine Haarreihe an den Hinterschienen der Honigbienen

Körbchen: Pollensammelvorrichtungen an den Hinterbeinen von sozialen Hummeln und Honigbienen

Mandibeln: zangenförmige Oberkiefer der Insekten

Narbe: oberer Teil des Stempels in den Blüten von Pflanzen, der zur Aufnahme von Pollen dient

Nektarien: pflanzliche Drüsen, die sich als florale Nektarien vor allem in den Blüten befinden und Blütensaft (Nektar) absondern

Neonicotinoide: hochwirksame Nervengifte, die zur Bekämpfung von Insekten angewendet werden, also spezielle Insektizide

Neophyten: Pflanzenarten, die ursprünglich bei uns nicht heimisch waren und nach 1492, also nach der Entdeckung Amerikas, durch Europäer aus anderen Gebieten der Erde bei uns unbeabsichtigt oder beabsichtigt angesiedelt worden sind

Nitrophyten: Pflanzenarten stickstoffreicher Böden

oligolektisch: Bezeichnung für Bienen, die auf den Pollen von Pflanzenarten einer Familie oder einer Gattung spezialisiert sind

Parasitoide: Tiere, die vermeintlich parasitisch leben, ihren Wirt letztendlich jedoch töten

Pheromone: chemische Botenstoffe, mit denen Organismen einer Art Informationen untereinander austauschen

polylektisch: Bezeichnung für Bienen, die bezüglich der Pollenwahl unspezialisiert sind

poikilotherm: Bezeichnung für wechselwarme Tiere, deren Körpertemperatur stets mehr oder weniger der Umgebungstemperatur entspricht

proterandrisch: Bezeichnung für Bienen und andere Insekten, deren Männchen wenige Tage bzw. Wochen vor den Weibchen erscheinen

Scopa: dichte Sammelbehaarung bei den Weibchen nestbauender Bienen für den Transport von Pollen

spp.: = spezies pluralis. Setzt man das Kürzel spp. hinter einen wissenschaftlichen Gattungsnamen, kennzeichnet man damit, dass es mehrere Arten in dieser Gattung gibt.

Staubbeutel: männlicher Teil einer Blüte (auch Staubblatt), in dem Blütenstaub (Pollen) produziert wird

Stempel: weiblicher Teil der Blüte (auch Fruchtblatt), bestehend aus Narbe, Griffel und Fruchtknoten

Sternit: Bauchplatte des Hinterleibs der Insekten

Stigmen: Atemöffnungen der Insekten

synanthrop: Bezeichnung für Arten, die mehr oder weniger eng an menschliche Siedlungsräume (Dörfer und Städte) gebunden sind, oft auch Kulturfolger genannt

Tergit: Rückenplatte des Hinterleibs der Insekten

Thorax: Brust der Insekten

Tracheensystem: ein feines Röhrensystem, durch das Sauerstoff in und durch den Körper der Insekten transportiert wird

univoltine Arten: Bezeichnung für Bienen und andere Insekten, die in einem Jahr nur eine Generation ausbilden

Quellenverzeichnis

Eine entscheidende Grundlage für die Erstellung dieses Buches waren die vielen Exkursionen auf dem Gebiet der Stadt Osnabrück und in die Umgebung. Darüber hinaus haben wir zahlreiche Quellen ausgewertet, die jeweils am Ende der Kapitel in Kurzform aufgeführt, nachfolgend aber ausführlich dargestellt sind. Die für Laien zur Einarbeitung in die Thematik geeigneten Schriften sind mit einer Blüte gekennzeichnet.

Verwendete Literatur

Aizen, M. A., Garibaldi, L. A., Cunningham, S. A. & Klein, A. M. (2009): How much does agriculture depend on pollinators? Lessons from long-term trends in crop production. – Annals of Botany (103): S. 1579–1588, doi: 10.1093/aob/mcp076

Amiet, F. (1994): Rote Liste der gefährdeten Bienen der Schweiz. – In: Bundesamt für Umwelt, Wald und Landschaft (BUWAL), Hrsg.: Rote Listen der gefährdeten Tierarten der Schweiz. – Eidgenössische Drucksachen- und Materialzentrale, Bern: S. 38–44

✿ Amiet, F. & Krebs, A. (2012): Bienen Mitteleuropas. Gattungen, Lebensweise, Beobachtung. – Haupt Verlag, Bern

Bellmann, H. (2010): Bienen, Wespen, Ameisen. – Kosmos, Stuttgart

Bertsch, A. (1975): Blüten – lockende Signale. – Otto Maier Verlag, Ravensburg

Bischoff, I. (1996): Die Bedeutung städtischer Grünflächen für Wildbienen (Hymenoptera, Apidae) untersucht am Beispiel des botanischen Gartens und weiteren Grünflächen im Bonner Stadtgebiet. – Decheniana 149: S. 162–178

Boyer, P. (2016): Vom Leben der Wildbienen. Über Maurer, Blattschneider und Wollsammler. – Eugen Ulmer, Stuttgart

Bögeholz, M. (1999): Qualitäten primärer Naturerfahrung und ihr Zusammenhang mit Umweltwissen und Umwelthandeln. – Leske & Budrich, Opladen

Breuer, W. (2017): Der Preis des Fortschritts. Der Mäusebussard und das überraschende Fazit einer Studie. – Nationalpark Nr. 176: S. 32–33

BUND (Bund für Umwelt- und Naturschutz Deutschland), Hrsg. (o. J.): Vielfalt sorgt für Vielfalt. Einfache Bauanleitungen für Wildbienen-Nisthilfen. – Berlin

✿ BUND, Hrsg. (2015): Wildbienen ein Zuhause geben. Wie Sie kleine Paradiese für Mensch und Natur schaffen. – Hannover

✿ BUND, Hrsg. (2017): Wildbienen und ihre Lebensräume in Niedersachsen. Kennenlernen – schützen – fördern. – Hannover

BfN (Bundesamt für Naturschutz), Hrsg. (2011): Rote Liste gefährdeter Tiere, Pflanzen und Pilze Deutschlands. Band 3: Wirbellose Tiere (Teil 1). – Naturschutz und Biologische Vielfalt 70 (3), Bonn – Bad Godesberg

BfN, Hrsg. (2014): Grünland-Report. Alles im Grünen Bereich? – Bonn – Bad Godesberg

BfN, Hrsg. (2016 a): Daten zur Natur 2016. – Bonn – Bad Godesberg

BfN, Hrsg. (2016 b): Rote Liste gefährdeter Tiere, Pflanzen und Pilze Deutschlands. Band 4: Wirbellose Tiere (Teil 2). - Naturschutz und Biologische Vielfalt 70 (4), Bonn – Bad Godesberg

BfN, Hrsg. (2017): Agrar-Report 2017. Biologische Vielfalt in der Agrarlandschaft. – Bonn – Bad Godesberg

BMU (Bundesministerium für Umwelt, Naturschutz und Reaktorsicherheit) (2007): Nationale Strategie zur biologischen Vielfalt, vom Bundeskabinett am 7. November 2007 beschlossen. – Reihe Umweltpolitik, Berlin

Casta, S. & Fagerberg, M. (2017): Das kleine Hummelbuch. – Fischer Sauerländer, Frankfurt am Main

David, W. (2016): Fertig zum Einzug: Nisthilfen für Wildbienen. Leitfaden für Bau und Praxis – so gelingt´s. – pala-verlag, Darmstadt

Dettner, K. & Peters, W., Hrsg. (1999): Lehrbuch der Entomologie. – Gustav Fischer, Stuttgart, Jena, Lübeck und Ulm

Ebel, K.-G., Hug, M., Klatt, M. & Schanowski, A. (1997): Grünflächen in Industrie- und Gewerbegebieten. Die Bedeutung für den Naturschutz. – Bristol-Schriftenreihe Bd. 5, Bristol-Stiftung, Zürich

Flügel, H.-J. (2013): Blütenökologie. Band 1: Die Partner der Blumen. – VerlagsKG Wolf, Magdeburg

Friese, H. (1923): Die europäischen Bienen (Apidae). Das Leben und Wirken unserer Blumenwespen. – Walter de Gruyter & Co., Berlin und Leipzig

Fuhrmann, M. (2007): Mitteleuropäische Wälder als Primärlebensraum von Stechimmen (Hymenoptera, Aculeata). - Linzer biol. Beitr. 39/2, S. 901–917

Fuhrmann, M. (2009): Bienen und Wespen im geschlossenen Buchenwald. Ergebnisse vor und nach Kyrill. – Natur in NRW 2/09: S. 28–31

Gill, R. J., Ramos-Rodriguez & Raine, N. E. (2012): Combined pesticide exposure severely affects individual – and colony-level traits in bees. – Nature, doi: 10.1038/nature11585

Goulson, D. (2014): Und sie fliegt doch. Eine kurze Geschichte der Hummel. – Hanser, München

Goulson, D. (2016): Wenn der Nagekäfer zweimal klopft. Das geheime Leben der Insekten. – Hanser, München

Haeseler, V. (1982): Ameisen, Wespen und Bienen als Bewohner gepflasterter Bürgersteige, Parkplätze und Straßen (Hymenoptera: Aculeata). – Drosera 1: S. 17–32

Hallmann, C. A., Sorg, M., Jongejans, E., Siepel, H., Hofland, N., Schwan, H., Stenmans, W., Müller, A., Sumser, H., Hörren, T., Goulson, D. & De Kroon, H. (2017): More than 75 percent decline over 27 years in total flying insect biomass in protected areas. – PLOS ONE 12 (10), doi: 10.1371/journal.pone.0185809

Hallmen, M. (1997): Wildbienen beobachten und kennen lernen. – Klett Verlag, Stuttgart, Düsseldorf, Leipzig

Heß, D. (1983): Die Blüte. Eine Einführung in Struktur und Funktion, Ökologie und Evolution der Blüten. – Eugen Ulmer, Stuttgart

Hintermeier, H. (2000): Artenschutz in Unterrichtsbeispielen. [Teil 2: Schmetterlinge, Honigbienen, Hummeln, Wildbienen, Wespen, Hornissen und weitere Arten]. – Auer Verlag, Augsburg

Hoffmann, H.-J. & Wipking, W., Hrsg. (1992): Beiträge zur Insekten- und Spinnenfauna der Großstadt Köln. – Decheniana, Beihefte 31: S. 1–619

Hoffmann, H.-J., Wipking, W. & Cölln, K., Hrsg. (1996): Beiträge zur Insekten-, Spinnen- und Molluskenfauna der Großstadt Köln (II). – Decheniana, Beihefte 35: S. 1–716

IPBES (Intergovernmental Platform on Biodiversity and Ecosystem Services), Hrsg. (2016): Bestäuber: Unverzichtbare Helfer für weltweite Ernährungssicherheit und stabile Ökosysteme. – Bonn

Jacobi, B. (1997): Beinarbeit statt Fühlerspiel – Beobachtungen und Gedanken zur Kopulation der Pelzbienen. – bembix 9: S. 22–24

Jacobi, B., Holtappels, E., Martin, H.-J. & Menke, M. (2015): Neue Funde der Efeu-Seidenbiene *Colletes hederae* Schmidt & Westrich, 1993 (Apoidea, Colletidae) in Nordrhein-Westfalen mit einem aktuellen Überblick der Gesamtverbreitung der Art. – Ampulex 7: S. 14–25

Jin, N., Klein, S., Leimig, F., Bischoff, G. & Menzel, R. (2015): The neonicotinoid clothianidin interferes with navigation of the solitary bee *Osmia cornuta* in a laboratory test. – Journal of Experimental Biology 218, doi:10.1242/jeb.123612

Kessler, S. C., Tiedeken, E. J., Simcock, K. L., Derveau, S., Mitchell, S., Softley, S., Stout, J. C. & Wright, G. A. (2015): Bees prefer foods containing neonicotinoid pesticides. – Nature, doi: 10.1038/nature14414

Koch, H. & Stevenson, P. C. (2017): Do linden trees kill bees? Reviewing the causes of bee deaths on silver linden (*Tilia tomentosa*). – Biol. Lett. 13, Online-Veröffentl.: http://rsbl.royalsocietypublishing.org/content/13/9/20170484

Kriener, M. (2016): Der Agrarmoloch. – MehrWert 3: S. 46–47

Lude, A. (2001): Naturerfahrung und Naturschutzbewusstsein. Eine empirische Studie. – Studienverlag, Innsbruck/Wien/München

Millet, D., Rupflin, S. & Stämpfl, A. B. (2016): Erlebniswerkstatt. Wildbienen entdecken. – Online-Veröffentl.: https://ebooks.wildbee.ch/erlebniswerkstatt/mobile/index.html#p=1

Möller, A. (2004): Nester bauen, Höhlen knabbern. – Atlantis Verlag, Zürich

Müller-Motzfeld, G. (1997): Die Bedeutung der Insekten für den Natur- und Umweltschutz. – Biologie in unserer Zeit 27, S. 330–339

NABU (Naturschutzbund) Niedersachsen, Hrsg. (2016): Die Hummeln Niedersachsens kennen – helfen – schützen. – Hannover

NABU Oldenburger Land, Hrsg. (o. J.): Unterrichtsmaterialien für Grundschulen: NABU Hummelprojekt: Ein Heim für fleißige Pollenträger. – Online-Veröffentl.: http://www.nabu-oldenburg.de/projekte/hummeln-quiz.pdf

Netzwerk Blühende Landschaft, Hrsg. (o. J.): Anregungen für die Gestaltung des Unterrichts zum Kennenlernen der Blüten besuchenden Insekten im Jahresverlauf und ihrer Lebensbedingungen mit Naturbeobachtungen und praktischen Arbeiten. – Online-Veröffentl.: http://www.bluehende-landschaft.de/fix/doc/schulkonzept-bluehende-landschaft-end.pdf

Leu, A. (2018): Die Pestizidlüge. – oekom verlag, München

Obrist, M. K., Sattler, T., Home, R., Gloor, S., Bontadina, F., Nobis, M., Braaker, S., Duelli, P., Bauer, N., Della Bruna, P., Hunziker, M. & Moretti, M. (2012): Biodiversität in der Stadt – für Mensch und Natur. – Merkblatt für die Praxis 48, Eidg. Forschungsanstalt WSL, Birmensdorf, Schweiz

Peeters, T. M. J., van Achterberg, C., Heitmans, W. R. B., Klein, W. F., Lefeber, V., van Loon, A. J., Nieuwenhuijsen, H., & Reemer, M., de Rond, J., Smit, J. & Velthuis, H. H. W. (2004): De Wespen en Mieren van Nederland. – Nationaal Natuurhistorisch Museum Naturalis, Leiden

Peeters, T. M. J., Nieuwenhuijsen, H., Smit, J., van der Meer, F., Raemakers, I. P., Heitmans, W. R. B., van Achterberg, K., Kwak, M., Loonstra, A. J., de Rond, J., Roos, M. & Reemer, M. (2012): De Nederlandse Bijen. – Naturalis Biodiversity Center, Leiden

Poisl, P. (1999): Beobachtungen und Gedanken zum Verhalten von Bienen-Männchen. – bembiX 12: S. 21–265

Pestalozzi, H. (1801): Wie Gertrud ihre Kinder lehrt. – Heinrich Gessner, Bern/Zürich

Pfiffner, L. & Müller, A. (2014): Wildbienen und Bestäubung. – Forschungsinstitut für biologischen Landbau (FiBL), Faktenblatt, Frick (Schweiz)

Quest, M. (2000): Die Ems- und Werseaue im Norden Münsters als Refugium für bedrohte Wildbienen. – NUA, Seminarbericht Band 6: S. 67–75

Radkowitsch, A. (2013): Was fliegt denn da? Keine Angst vor kleinen Brummern. – RAAbits Naturwissenschaften, 2: S. 1–30

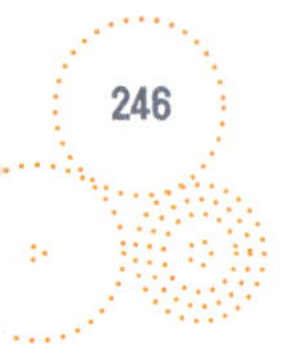

Sánchez-Bayo, F. & Wyckhuys, K. A. G. (2019): Worldwide decline of the entomofauna: A review of its drivers. – Biological Conservation 232: S. 8–27

Sanders, J. & Heß, J., Hrsg. (2019): Leistungen des ökologischen Landbaus für Umwelt und Gesellschaft. – Thünen Report 65, doi: 10.3220/REP1547040572000

Sandrock, C., Tanadini, L. G., Pettis, J. S., Biesmeijer, J. C., Potts, S. G. & Neumann, P. (2013): Sublethal neonicotinoid insecticide exposure reduces solitary bee reproductive success. – Agricultural and Forest Entomology, doi: 10.1111/afe.12041

Schäffer, J. C. (1764): Die Mauerbiene in einer Rede beschrieben. – Johann Leopold Montag, Regensburg

Scheuchl, E. & Willner, W. (2016): Taschenlexikon der Wildbienen Mitteleuropas. Alle Arten im Porträt. – Quelle & Meyer Verlag, Wiebelsheim.

Schmid-Egger, C. (2016): Wildbienen schützen und fördern im Kleingarten. – Deutsche Wildtier Stiftung, Hamburg.

Schmidt, K. & Westrich, P. (1993): *Colletes hederae* n. sp., eine bisher unerkannte, auf Efeu (Hedera) spezialisierte Bienenart (Hymenoptera: Apoidea). – Entomol. Z. 103 (6): S. 89–112

Schmiedeknecht, O. (1882): Apidae Europaeae (Die Bienen Europas) per genera. – Eigendruck, Gumperda, Sachsen-Altenburg

Schwarzer, E. (2017): Mein Bienengarten. Bunte Bienenweiden für Hummeln, Honig- und Wildbienen. – Eugen Ulmer, Stuttgart

Segerer, A. H. & Rosenkranz, E. (2018): Das große Insektensterben. Was es bedeutet und was wir jetzt tun müssen. – oekom verlag, München.

Sorg, M., Schwan, H., Stenmans, W. & Müller, A. (2013): Ermittlung der Biomasse flugaktiver Insekten im Naturschutzgebiet Orbroicher Bruch mit Malaise Fallen in den Jahren 1989 und 2013. – Mitteilungen aus dem Entomologischen Verein Krefeld 1: S. 1–5

Spohn, M., Golte-Bechtle, M. & Spohn, R. (2015): Was blüht denn da? – Kosmos, Stuttgart

Sukopp, H. & Wittig, R., Hrsg. (1998): Stadtökologie. Ein Fachbuch für Studium und Praxis. – Gustav Fischer, Stuttgart, Jena, Lübeck, Ulm

Sypke, J. (2016): Wildbienen. Mit Nisthilfen und Blühpflanzen die Bienenvielfalt entdecken und schützen. – VNP Stiftung Naturschutzpark, Bispingen

Tautz, J. (2012): Phänomen Honigbiene. – Springer-Verlag, Berlin/ Heidelberg

Theunert, R. (2002): Rote Liste der in Niedersachsen und Bremen gefährdeten Wildbienen mit Gesamtartenverzeichnis. - Inf. Natursch. Nieders. 22: S. 138–160

Vogel, G. (2017): Where have all the insects gone? – Science 356 (6338): S. 576–579

Von Hagen, E. & Aichhorn, A. (2014): Hummeln – bestimmen, ansiedeln, vermehren, schützen. – Fauna Verlag, Nottuln

Westrich, P. (1989): Die Wildbienen Baden-Württembergs. Allgemeiner Teil. Lebensräume, Verhalten, Ökologie und Schutz. – Eugen Ulmer, Stuttgart

Westrich, P. (1990): Die Wildbienen Baden-Württembergs. Spezieller Teil: Die Gattungen und Arten. – Eugen Ulmer, Stuttgart

Westrich, P. (2008): Flexibles Pollensammelverhalten der ansonsten streng oligolektischen Seidenbiene *Colletes hederae* Schmidt & Westrich (Hymenoptera: Apidae). – Eucera 1 (2): S. 17–29

Westrich, P. (2014): Wildbienen. Die anderen Bienen. – Verlag Dr. Friedrich Pfeil, München.

Westrich, P. (2016): Wildbienen. Faszinierende, aber bedrohte Vielfalt. – Umweltjournal Rheinland-Pfalz 58: S. 4–7

Westrich, P. (2018): Die Wildbienen Deutschlands. – Ulmer, Stuttgart

Westrich, P., Frommer, U., Mandery, K., Riemann, H., Ruhnke, H., Saure, C. & Voith, J. (2011): Rote Liste und Gesamtartenliste der Bienen (Hymenoptera, Apidae) Deutschlands. – In: Bfn (Hrsg.), Rote Liste gefährdeter Tiere, Pflanzen und Pilze Deutschlands. Band 3: Wirbellose Tiere (Teil 1). – Naturschutz und Biologische Vielfalt 70 (3), Landwirtschaftsverlag, Münster: S. 373–416

Whitehorn, P. R., O'Conner, S. O., Wackers, F. L. & Goulson, D. (2012): Neonicotinoid Pesticide Reduces Bumble Bee Colony Growth and Queen Production. – Science 336, S. 351–352

Wiesbauer, H. (2017): Wilde Bienen. Biologie – Lebensraumdynamik am Beispiel Österreich – Artenporträts. – Ulmer, Stuttgart

Wilson-Rich, N., Hrsg. (2015): Die Biene. Geschichte, Biologie, Arten. – Haupt, Bern

Witt, R. (2009): Wespen. – Vademecum Verlag, Edewecht

Witt, R. (2016): Wildbienen und Wespen in Nisthilfen. – Vademecum Verlag, Edewecht

Witt, R. (2017): Kompakte Bestimmungshilfe. Plüschbrummer – Die Hummeln Deutschlands. – Vademecum Verlag, Edewecht

Witte, G. R. & Seger, J. (1999): Hummeln brauchen blühendes Land. (Umweltjugendbuch + Anhang) – Westarp Wissenschaften, Hohenwarsleben.

Wittig, R. (2002): Siedlungsvegetation. – Verlag Eugen Ulmer, Stuttgart

Zander, M., Schilling, A., Schröder, B., Koch, O. & Schill, H. (2001): Weiden in Nordrhein-Westfalen. Beiträge zur Charakterisierung, Generhaltung, Vermehrung und Bestimmung. – LÖBF, Recklinghausen

Zucchi, H. (1993): Beobachtungen an der Wildbiene *Anthidium manicatum* (Linnaeus, 1758) in Osnabrück. – Beitr. Naturk. Niedersachsen 46: S. 151–156

Zucchi, H. (1996): Ist die Silberlinde rehabilitiert? Zur Diskussion um das Hummelsterben an spätblühenden Linden. – Natur und Landschaft 71 Nr. 2: S. 47–50

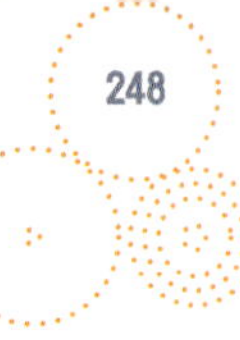

Zucchi, H. (2018): Naturentfremdung in Gärten unter Schotter. – Nationalpark Nr. 180: S. 21

Zucchi, H. & Junker, S. (2002): Mit dem Umweltmobil von Rio nach Deutschland.- In: Natur- und Umweltschutz-Akademie des Landes Nordrhein-Westfalen & Sächsische Landesstiftung Umwelt & Natur, Hrsg.: Umweltmobile. Natur und Umwelt erleben und erfahren. Recklinghausen/Dresden, S. 7–10

Zurbuchen, A. & Müller, A. (2012): Wildbienenschutz – von der Wissenschaft zur Praxis. – Bristol-Stiftung, Zürich, Haupt Verlag, Bern

Verwendete Internetquellen

www.aktion-hummelschutz.de: Biologie & Wissenschaft. https://aktion-hummelschutz.de/biologie/ (zuletzt aufgerufen am 15. 3. 2019)

www.bienenschade.de: Pollenfarben. http://www.bienenschade.de/Pollen/Pollenfarben.htm (zuletzt aufgerufen am 24. 4. 2018)

www.bioform.de: Entomologiebedarf. https://www.bioform.de/shop.php?wg=1&action=wgstart (zuletzt aufgerufen am 24. 4. 2018)

www.bluehende-landschaft.de: So bringen Sie die Landschaft zum Blühen! www.bluehende-landschaft.de/nbl/nbl.handlungsempfehlungen/index.html (zuletzt aufgerufen am 31. 5. 2019)

www.die-honigmacher.de: Pollen-Bestimmung. https://www.die-honigmacher.de/kurs2/pollen.html (zuletzt aufgerufen am 24. 4. 2018)

www.dicoverlife.org: Discover Life. All living things. Apoidae species. http://www.discoverlife.org/mp/20q?guide=Apoidea_species (zuletzt aufgerufen am 15. 5. 2018)

www.efsa.europa.eu: Neonicotinoids: risks to bees confirmed. http://www.efsa.europa.eu/press/news/180228 (zuletzt aufgerufen am 3. 4. 2018)

www.forum.hymis.de: Bienen und Wespen. http://www.forum.hymis.de/viewforum.php?f=14&sid=fa965f6f07c64a35bba85f81c4fcc9eb (zuletzt aufgerufen am 24. 4. 2018)

www.ipbes.net: Summary for policymakers of the global assessment report on biodiversity and ecosystem services on the Intergovernmental Science-Policy Platform on Biodiversity and Ecosystem Services. www.ipbes.net/ipbes7 (zuletzt aufgerufen am 29. 5. 2019)

www.iucnredlist.org: Species Range Colletes hederae. http://maps.iucnredlist.org/map.html?id=13306742 (zuletzt aufgerufen am 26. 2. 2018).

www.rieger-hofmann.de: Begrünungen für die freie Landschaft. https://www.rieger-hofmann.de/no_cache/sortiment/mischungen/wiesen-und-saeume-fuer-die-freie-landschaft/uebersicht.html (zuletzt aufgerufen am 31.5.2019)

www.saaten-zeller.de: Regiosaatgut: Zertifizierte Qualität für die Erhaltung der natürlichen, regiotypischen Diversität. www.saaten-zeller.de/regiosaatgut (zuletzt aufgerufen am 31.5.2019)

www.wilbee.ch: Erlebniswerkstatt. Wildbienen entdecken. http://www.wildbee.ch/erlebniswerkstatt (zuletzt aufgerufen am 19.4.2017)

www.wildbiene.com: Arten-Lexikon. https://www.wildbiene.com/standard/content.php?am=8&as=0&am_a=11 (zuletzt aufgerufen am 23.3.2018)

www.wildbienen.de: Wildbienen: Artenportraits. http://www.wildbienen.de/wbarten.htm (zuletzt aufgerufen am 10.1.2018)

www.wildbienen.info: Faszination Wildbienen. http://www.wildbienen.info/einfuehrung/index.php (zuletzt aufgerufen am 14.11.2017)

www.wildbienen-umweltbildung.de: Unterrichtsmaterial. http://www.wildbienen-umweltbildung.de/cms/front_content.php?idcat=5&lang=1 (zuletzt aufgerufen am 15.3.2018)

Mehr Futter über Wildbienen und ihren Schutz

Menschen, die motiviert sind, möchten gerne handeln. Aber nur diejenigen, die gut informiert sind, sind auch dazu in der Lage, sinnvoll zu handeln. Um dies zu ermöglichen, haben wir neben der im Quellenverzeichnis bereits als geeignet gekennzeichneten Literatur nachfolgend weitere Informationsmöglichkeiten zusammengestellt.

Weitere lesenswerte Bücher, Broschüren und Hefte

Droege, S. & Laurence, P (2016): Bienen. 104 besondere Arten aus aller Welt in faszinierenden Nahaufnahmen. – Leopold Stocker Verlag, Graz

Eder, A., Hrsg. (2018): Wildbienenhelfer. Wildbienen & Blühpflanzen. Jeder kann zum Wildbienen-Helfer werden und damit zum Erhalt unserer Artenvielfalt beitragen. – TiPP 4, Rheinbach

Gokcezade, J., Gereben-Krenn, B.-A. & Neumayer, J. (2017): Feldbestimmungsschlüssel für die Hummeln Deutschlands, Österreichs und der Schweiz. – Quelle & Meyer, Wiebelsheim

Goulson, D. (2017): Die seltensten Bienen der Welt. Ein Reisebericht. – Hanser, München

Hintermeier, H. & Hintermeier, M. (2012): Bienen, Hummeln, Wespen im Garten und in der Landschaft. – Obst- und Gartenbauverlag, München

Kern, S. (2017): Mein Garten summt! Ein Platz für Bienen, Schmetterlinge und Hummeln. – Kosmos, Stuttgart

Lugerbauer, K. (2017): Bienenfreundliche Gärten. Pflanzideen für alle Standorte. – BLV Buchverlag, München

NaturGarten e. V., Hrsg. (2015): Nisthilfen für Wildbienen und Wespen. – Natur & Garten Heft 3

Socha, P. (2017): Bienen. – Gerstenberg Verlag, Hildesheim

von Orlow, M. (2015): Mein Insektenhotel. Wildbienen, Hummeln & Co. im Garten. – Eugen Ulmer, Stuttgart

Witt, R. (2015): Natur für jeden Garten. Das Einsteiger-Buch. 10 Schritte zum Natur-Erlebnis-Garten. – NaturGarten, Ottenhofen

Witt, R. (2017): Das Wildpflanzen Topfbuch. Ausdauernde Arten für Balkon, Terrasse und Garten. Lebendig, pflegeleicht, nachhaltig. – NaturGarten, Ottenhofen

Weitere interessante Internetseiten

www.bienenreich-sh.de: Internetauftritt eines Umweltbildungprojektes rund um das Thema Honigbiene, Sandbiene und Co. in Schleswig-Holstein

www.bwars.com: Datenbank mit zahlreichen Nahaufnahmen von Bienen, Wespen und Ameisen in Großbritannien und Irland

www.naturgartenfreude.de: vielfältige Informationen und Bilder zu Naturgärten, Balkone, Terrassen und Wildbienen von Werner David

www.netzwerk-wildbienenschutz.de: Internetauftritt des Netzwerk Wildbienenschutz e. V.

www.wildbienen-kataster.de: Wildbiene des Jahres, diverse Wildbienenprojekte und Wildbienen-Datenbank für Baden-Württemberg

www.wildbienenschutz.de: Wanderausstellung, Projekte und Flyer zum Wildbienenschutz

Bezugsquellen für funktionsfähige Wildbienennisthilfen

www.wildbiene.com: Nisthilfen aus gebranntem Ton, Literatur etc.

www.wildbienenschreiner.de: (Beobachtungs-) Nisthilfen für Insekten

www.bienenhotel.de: Nistblöcke für Mauerbienen, Nisthilfen aus Pappröhren etc.

www.naturschutzcenter.de: verschiedenste Nisthilfen für Insekten

www.mauerbienen-shop.com: Nistblöcke, Beobachtungsnest etc.

Fachzeitschriften über Bienen und Bienenverwandte

Ampulex – Zeitschrift für aculeate Hymenopteren. Bezug und Download unter: www.ampulex.de

Bembix – Rundbrief für alle Freunde der akuleaten Hymenopteren. Bezug und Download: http://www.bembix.de/index.php/de/bembix-print

Eucera – Beiträge zur Apidologie. Bezug und Download unter: www.wildbienen.info/eucera

Journal of Hymenoptera Research – Bezug und Download unter: http://jhr.pensoft.net

Bildnachweis

Jens Denkena: S. 90 links
Simin Ghafouri: S. 78
Stefan Müller: S. 217 oben
Gina Rezmann: S. 32 oben und unten
Elisa Riedle: S. 215
Katharina Scholten: S. 33
Anneke Teepe: S. 217 unten, S. 218
Marcel Voskuhl: S. 128 unten, S. 170/171
Karin Zucchi: S. 15, S. 60/61, S. 63 oben und unten, S. 65, S. 67, S. 194/195
Herbert Zucchi: S. 16 rechts
Janina Voskuhl: alle anderen

Register